# モビリティー進化論

## 自動運転と交通サービス、変えるのは誰か

アーサー・ディ・リトル・ジャパン 著

日経BP社

# はじめに

現在、自動車業界は100年に1度の大変革期にあるといわれている。この変化の本質は、これまでのクルマの中に閉じた技術変化にとどまらず、周辺産業を巻き込んだバリューチェーン構造の再編につながっている点にある。特に注目すべきは、以下の四つの変化である（図1）。

一つ目は、川上の素材・製造装置の革新を起点とするマルチマテリアルによる軽量化や、デジタルエンジニアリング技術の革新により実現しつつあるモデルベース開発などクルマの「つくり方」の変化である。

二つ目は、クルマの動力源が内燃機関ベースのものから電池とモーターからなる電動システムや燃料電池などの低環境負荷のものへと進化する「パワートレーン」の変化である。

三つ目は、自動車が通信モジュールを介して車外の情報ネットワークに接続されることで様々なサービス付加の余地が生まれるコネクテッド

図1 自動車業界における四つの変化

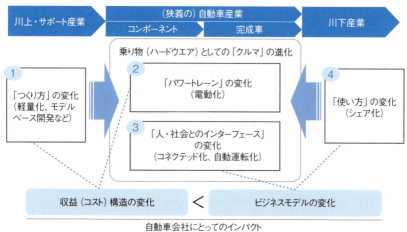

化や、最終的に無人運転を実現するポテンシャルを秘めた自動運転技術の進化など「人・社会とのインターフェース」の変化が挙げられる。

最後の四つ目は、カーシェアリングやライドシェアリングなど新しいタイプのモビリティーサービスが勃興することで自動車の価値が「所有」から「使用」へとシフトする「使い方」の変化である。

これらの四つの変化のうち、前者の二つの変化は技術的には大きな変曲点であるが、自動車メーカー（完成車メーカー）の立場から見ると、クルマを開発・生産・販売するという既存のビジネスモデルにおける収益（コスト）構造の変化としてのインパクトが中心である。一方、後者の二つの変化は、完成車メーカーにとって、クルマを開発・生産することで利益を得るという従来のビジネスモデルが根本的に変化する可能性を秘めている。この点で、より不連続かつ破壊的な変化点となり得るものといえる。

後者の二つの変化は不連続であるが故に、その将来予測は非常に難しい。換言すると、前提条件の置き方により、その将来像はいかようにも描き得るものである。

本書では、特にこの不連続な変化につながり得る「人・社会のインターフェース」の変化と「使い方」の変化の中でも、中長期的に大きなビジネスモデル変化につながり得る「自動運転」と次世代型「モビリティーサービス」について、その普及シナリオの描出と既存事業へのインパクトの評価を試みている。

これら二つのトレンドが特に重要なのは、互いに独立に進化・普及するだけでなく、両者が融合したときに最も不連続な変化が起こり得るからである。では、その融合はどのような形で起こるのだろうか。

自動運転と次世代モビリティーサービスの融合を考える上では、二つの視点が必要となる（**図2**）。一つ目の視点は、自動車業界（完成車メーカー）の視点から見た技術としての自動運転の進化である。こ

れまでは運転者の技量に委ねられてきたクルマの操作が、ADAS（先進運転支援システム）の搭載が進むことで、運転者と協調しながら運転者の技量を補完できる形となり、より安全で快適な移動が実現しつつある。

　将来的にはADAS技術がさらに進化・高度化することで、最終的には運転者が操作しなくてもクルマが自律的に走行するようになるというシナリオが想定される。現在自動車メーカー各社はADASの延長として、この方向で技術開発を進めている。技術起点でのミクロかつボトムアップな視点といえる。

　もう一つは、行政・デベロッパー・モビリティーサービス事業者の立場から見て、社会・都市全体の中で交通システム・サービスとしてどのように最適化を進めるべきかという視点である。これらの交通システム・サービス提供者の立場では、自動運転技術やクルマ自体が交通システム・サービスを全体最適化するための一つの手段であるという市場起点でのマクロかつトップダウンな視点をとる。

　こうした二つの視点を融合することで、社会や個人に対してどのよ

図2　「自動運転」と「モビリティーサービス」の融合を考える上での視点

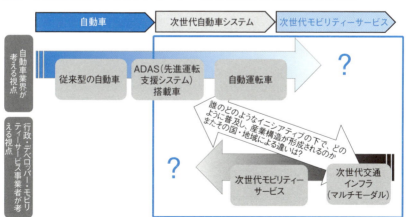

うな価値・サービスが生み出されるのか。そのような融合を主導するのは誰なのか。また、これらの新たな融合の形はどの程度の地域性を持ち得るのか。

　このような問いに答えるには、単に技術的な進化の方向性にとどまらず、市場・社会の側にある前提条件や背景要因を一つずつ丁寧に解きほぐさなければならない（**図3**）。そもそもの出発点として、自動運転やモビリティーサービスが普及することで、社会やユーザーにとってどのような課題解決につながるのかという社会ニーズ構造、それを踏まえた各国政府の取り組み方針の違いや、人口規模や密度などの都市構造の違いを前提として考慮する必要がある。

　また、このような新サービス導入の推進役を誰が担うのかという観点では、各国のマクロな産業構造や既存の交通サービス産業の構造の違いを踏まえる必要がある。さらに、最終的にはこれらの新技術・サービスをユーザーがどの程度受容し得て、どのように利用するのかという点も、普及度合いを考える上での重要な要素となり得る。実際

図3　自動運転とモビリティーサービス普及に向けた前提要件

出典：ADL

にはこれら多数の要因が相互に関連しながら前提条件を構成しており、その結果としての自動運転や次世代モビリティーサービスの普及のシナリオも地域ごとに異なるものとなり得る。

　本書では、技術に対する深い洞察とグローバルな視点からの多様な市場へのネットワークを有するアーサー・ディ・リトルの組織能力をフルに活用することで、各国における前提条件を多面的に考察し、その違いを踏まえた形で自動運転とモビリティーサービスの普及シナリオを骨太、かつできる限り詳細に描くことを目指した。さらに、既存の自動車産業へのインパクトを評価した上で、これらの変化に対する対応策についての提言を加えた（なお本書は2017年2月から7月まで「日経テクノロジーオンライン」で連載した記事に、さらに考察を加えたものである）。

　現場力をベースにしたボトムアップな課題解決力を強みに世界市場でポジションを築いてきた日本の製造業の代表である自動車産業は、その裏返しとして不連続な変化への対応が苦手であるとの指摘を受けることも多い。その意味で、ビジネスモデルの抜本的な変革につながり得る自動運転や次世代モビリティーサービス普及の動向には、特に注意深く目を凝らしながらその変化に備える必要がある。
　一方、これらのトレンドは社会的、技術的な制約の中で普及が進むのも事実である。いたずらに将来への不安を募らせるのは生産的ではない。また、これらのトレンドを社会インフラとしての交通システム全体の刷新につなげていくためには、様々なステークホルダーを巻き込み、丁寧な合意形成を図りながら進めていくことが不可欠である。本書が、このような地に足の着いた議論を加速させるための一助となれば幸いである。

# モビリティー進化論
## 自動運転と交通サービス、変えるのは誰か

# CONTENTS

はじめに ……………………………………………………………… 3

## 第1章 交通システムで解決すべき社会的課題・ニーズ …… 13
求められる交通システムの変革 ………………………………… 14
各国で異なる重要度 …………………………………………… 18

## 第2章 世界各国の都市構造はこれだけ違う ………………… 21
都市構造によって都市を分類する ……………………………… 23
人口規模と人口密度で都市構造を整理 ………………………… 25
七つの分類で世界の都市を整理 ………………………………… 27

## 第3章 各国の普及をけん引するのはどの産業か ………… 31
世界各国の主要産業と自動車産業の位置付け ………………… 32
モビリティーサービスと四つの関連産業 ……………………… 34
モビリティーサービス関連産業の位置付け …………………… 35
情報通信産業は米国が突出 …………………………………… 37

## 第4章 既存の交通サービスはどこに問題があるか ……… 41
都市間交通と都市内交通に大きく分類 ………………………… 42
長期低落傾向のバス事業 ……………………………………… 43
有効な手段はコミュニティーバスの自動運転化 ………………… 45
世界的に見て規模は大きい日本のタクシー市場 ……………… 46
配車システムと無人化が収益向上の方策 ……………………… 47
寡占化が進むレンタカー事業 ………………………………… 51

## 第5章　各国で勃興する新たなモビリティーサービス（前編）　53

- カーシェアとライドシェアの違い　54
- 米国や新興国ではUber型が普及　56
- 日本のカーシェアリング市場は車両ベースで世界最大規模　58
- 日本でカーシェアリングが普及する理由　60
- ドイツはメーカー系サービスが急拡大　62
- カーシェアリング事業の収益構造を分析　62
- カーシェアリング市場、発展の方向性　64

## 第6章　各国で勃興する新たなモビリティーサービス（後編）　67

- Uber型サービスが普及する地域の共通性　68
- Uber型サービスの収益性　72
- BlaBlaCar型サービス普及の条件　73
- ライドシェアリング発展の三つの方向　74
- ASEANの新たなモビリティーサービス　79
- 中間層の新たなサービスプラットフォームに　80

## 第7章　モビリティーサービスとしての物流市場　83

- 高止まりするトラック輸送の比率　84
- 物流サービス発展のシナリオ　88
- ライトワンマイルの対応が課題　89

## 第8章　ユーザーから見たモビリティーシステム変革のニーズ　91

- 各国の自家用車の利用実態　92
- 自動運転などに対するユーザーの受容性　94
- 自動運転に肯定的な日本　96
- 特徴的な傾向を示す中国　99

## 第9章　モビリティーシステムの変革を国や自治体が後押し　101

- 政府から見た導入の目的は三つ　102
- 産業振興の観点で進む自動運転への政策支援　104
- シェアリングサービスに対する姿勢　106
- モビリティーシステムの進化例：マルチモーダル型サービス　110
- 世界主要都市における交通システムの実力　115

## 第10章 自動運転車開発の「押さえどころ」を考える ………… 121
- ソフトウエアに付加価値が移行する ……………………… 122
- ADASの延長線上にある自動運転デバイス ……………… 124
- 演算処理デバイスの高性能化が進む ……………………… 125
- 自動運転車の補償制度の必要性…………………………… 127
- 期待されるソフトウエア更新の活用 ……………………… 128

## 第11章 自動運転車の販売価格はこうなる ………………………… 131
- ハードウエアコスト ………………………………………… 132
- ダイナミックマップのコスト ……………………………… 140
- 通信機器費…………………………………………………… 142
- セキュリティー対策費 ……………………………………… 142
- ソフトウエアの開発費 ……………………………………… 144
- 製品保証コスト ……………………………………………… 145
- 自動運転車のオプション価格 ……………………………… 147

## 第12章 自動運転型モビリティーサービスの開発をいかに進めるか … 149
- 交通サービス事業者に求められるもの …………………… 150
- モビリティーサービスの業務形態………………………… 151
- 自動運転型モビリティーサービスの分類 ………………… 153

## 第13章 LSVが変える自動車業界 ……………………………………… 161
- LSVは自動運転化しやすい ………………………………… 162
- LSVは造りやすい …………………………………………… 164

## 第14章 モビリティーサービスと自動運転、2030年の普及シナリオ … 167
- 日本における普及シナリオ：自動運転を活用しない場合… 168
- 自動車販売への影響が大きいシナリオ …………………… 170
- 日本における普及シナリオ：自動運転を活用する場合…… 171
- 影響が大きいオンデマンド型カーシェア ………………… 173
- 自家用車でも自動運転機能が普及………………………… 174
- 米国における普及シナリオ ………………………………… 174
- 欧州における普及シナリオ ………………………………… 178

| 第15章 | 自動車市場への影響とプレーヤーに求められる行動 … 183 |

　　　　影響の大きさは日本、欧州、米国の順 ………………… 184
　　　　自動運転車の市場拡大ポテンシャル ………………… 187
　　　　完成車メーカーに必要な行動……………………………… 189
　　　　サプライヤーに飛躍のチャンス………………………… 191

**おわりに** ……………………………………………………………… 193
**著者紹介** ……………………………………………………………… 197

# 第1章

# 交通システムで解決すべき社会的課題・ニーズ

自動車産業を取り巻く環境が大きく変化している。為替は円高から円安基調に戻りつつあるが、Brexit（英国のEUからの離脱）に端を発するEUの動揺や、トランプ政権の登場による米通商政策のリスクなどが悩ましい問題として浮上している。だが、それ以上に注目を集めているのが、自動運転やカーシェアリング、ライドシェアなどのモビリティーサービスが自動車産業に与えるインパクトであろう。

本書では、次世代モビリティーサービスや交通システムの構築に向けて、マクロで見た各国の社会構造や産業構造と、ミクロで見た各プレーヤーの事業構造や技術開発動向などを多面的に考察し、地域ごとの普及シナリオがどのようなものになるかを考察したい。できる限り客観的に市場環境とそのドライバー、制約条件を多面的に分析した上で、現実的な落としどころを考えていきたい。

そこで、まずは議論の出発点として、自動運転やモビリティーサービスの普及に向けた前提条件として特に重要となる視点を整理する。第1章では、「交通システムで解決すべき社会課題・ニーズにはどのようなものがあり、各国ごとにその課題・ニーズの重要度はどのように違うのか」という点について取り上げる。

## 求められる交通システムの変革

自動運転やモビリティーサービスによる交通システム変革が求められている理由としては、個人としての快適・利便性の向上や、個別事業者としての生産性の改善などミクロレベルの直接的なニーズと同時に、よりマクロな社会的課題・ニーズへの貢献が期待されていることが挙げられる。このマクロな社会課題解決への貢献の視点が重要になるのは、自動運転やモビリティーサービスの普及には、法改正やインフラ整備などの面で、各国政府や各地方自治体といった公共部門の関

与が不可欠であり、公共部門が積極的に関与するためには、社会的な課題解決への貢献という大義が必要になると考えられるからである（**図1-1**）。

　自動運転の導入による直接的な貢献が期待されるのは、「交通事故の削減」であろう。多くの自動車メーカーが自動運転に取り組む究極的な理由として、交通死亡事故ゼロの実現を上げている。この究極の目標に向けた最初のステップとして、緊急停止ブレーキなどの先進運転支援システム（ADAS）を含む先進安全装備の普及が急速に進みつつある。

　交通事故削減と並ぶ自動運転導入によるもう一つの期待効果としては、「交通渋滞の減少」が挙げられる。これは交通事故減少による副

**図1-1　自動運転・モビリティーサービスで解決可能な社会的課題・ニーズ**

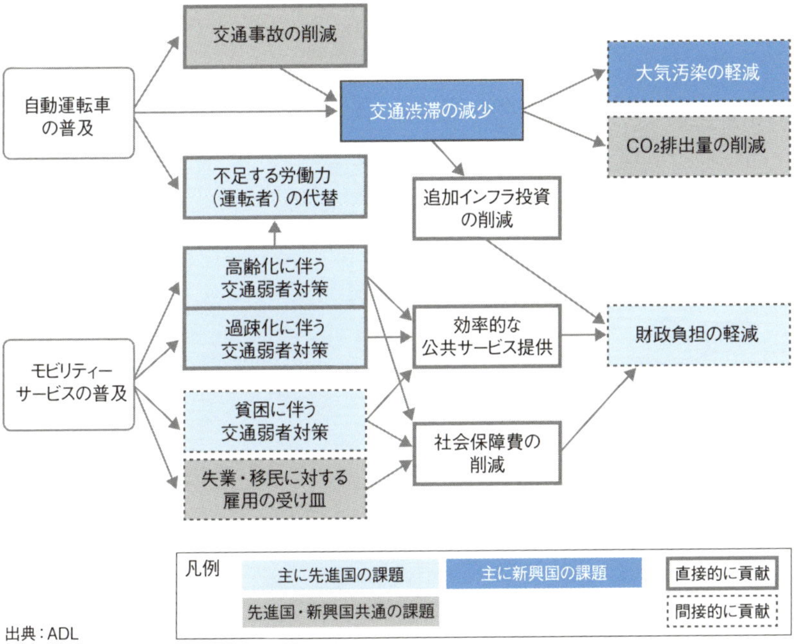

出典：ADL

次的効果に加え、ADASの一種である先行車追従（アダプティブ・クルーズ・コントロール：ACC）機能を活用することで、全体として交通の流れを平準化する効果が期待できる。

渋滞削減の結果として、新興国で深刻な問題になっている「大気汚染の軽減」や「$CO_2$排出量の削減」にも貢献することが期待される。また、主に運輸・物流業界などの商用車市場においては、「不足する労働力（運転者）の代替」が特に期待されている。

図1-2　自動運転・モビリティーサービスに関連する各国の社会ニーズ

| 各国の社会ニーズ | | （自動運転・次世代モビリティーサービス導入に向けた）各国における課題の大きさ | |
|---|---|---|---|
| | | 日本 | アメリカ |
| 交通事故 | | Low | Middle |
| 交通渋滞 | | Middle | Middle |
| 大気汚染 | | Low | Low |
| $CO_2$削減 | | Middle | Middle |
| 高齢化 | | High | Middle |
| 雇用対策 | 労働力不足 | High | Low |
| | 失業対策 | Low | Low |
| 過疎化 | | High | Middle |
| 貧困（二極化）対策 | | Middle | Middle |
| 財政再建 | | Middle | Middle |
| 社会ニーズ基点での各国の特徴まとめ | | 「高齢化」、「労働力不足」、「過疎化」が自動運転・次世代モビリティーサービス（NMS）に対する社会ニーズとして大きい→「公共性」を伴ったソリューション発想が必要 | 日本と比較してクリティカルな課題は存在しない→よりミクロな事業者やユーザーニーズが普に向けたドライバーとして強く影響 |

出典：ADL分析

一方、モビリティーサービスの普及による直接的な貢献が期待されている社会的課題としては、「高齢化・過疎化に伴う交通弱者対策」がまず挙げられる。運転免許返納後の高齢者の支援や、過疎化により公共交通機関が維持できなくなった過疎地域における新しい交通システムとしての期待である。また、経済格差が社会的不安定の要因となっている欧米などの一部先進国においては、「貧困に伴う交通弱者対策」としての側面も注目されている。

| ドイツ | フランス | イギリス | 中国 | インド |
|---|---|---|---|---|
| Middle/Low | | | Middle | High |
| Middle（主に東欧・ロシア）/Low | | | Middle | High |
| Low | Low | Low | High | High |
| Low | Low | Low | Middle | Middle |
| High | Middle | Middle | Middle | Middle |
| Middle→High | Low→Middle | Low→Middle | Low | Low |
| Low | High | Middle→Low | Middle | Middle |
| Low | Low | Low | Middle | Middle |
| Low | Middle | Low | Middle | Middle |
| Low | Low | Low | Low | Low |

| | | |
|---|---|---|
| 全般的に自動運転・NMSにより解決を要する社会ニーズは大きくない<br>→自動運転や次世代モビリティーサービスによる交通システム革新の必然性が他地域に比べ希薄 | 「大気汚染」対策が自動運転・NMSに対する社会ニーズとして最も大きい<br>→交通渋滞の激しい大都市部での乗り入れ規制や電動化へのニーズの方が高い | 「大気汚染」「交通渋滞・事故」対策が自動運転・NMSに対する社会ニーズとして最も大きい<br>→交通渋滞の激しい大都市部での乗り入れ規制や電動化へのニーズの方が高い |

これらは需要者側の視点からのモビリティーサービスの貢献価値だが、供給者側から見ると「失業・移民に対する雇用の受け皿」として機能する面がある。また、これらの社会的課題解決の手段として、自動運転車やモビリティーサービスの普及が他の政策手段との比較論の中でコスト的に優位性があれば、「財政負担の軽減」にもつながり得る。

## 各国で異なる重要度

このように自動運転やモビリティーサービスの普及は様々な社会的課題・ニーズに直接・間接に貢献し得る。一方でこれらの社会的課題・ニーズのうち何がどのくらい深刻な問題であるかは、各国によって状況が異なる（**図1-2**）。

例えば、「高齢化」やそれに伴う「労働力不足」は、先進国や将来的には中国などの新興国にも共通の課題である。特に日本は人口構成上、欧州各国に対して約10年、米国に対しては約20年、中国に対しては約30年程度先行して問題が顕在化し始めている。加えて、欧米各国はこれまで移民の受け入れによって高齢化による労働力不足問題の顕在化を防いできた（ただしBrexitやトランプ政権の誕生により、今後欧米各国の移民政策が変化することで、この問題がより早く顕在化する可能性も出てきている）。

一方で、「過疎化」が社会問題化しているのは、先進国の中でも日本だけで見られる現象である（**図1-3**）。直近20年間で見ると日本では人口密度と人口増加率に正の相関がみられ、人口密度の高い都市部で人口増加率が高くなっているのに対して、人口密度の低い地方部では人口減少が続いているという関係にある。これに対して欧米では、人口密度と人口増加率の間に正の相関がない。米国では、緩やかな負の相関（人口密度の低い地域で人口増加率が高くなる傾向）が見られる。

図1-3　各国における過疎化の進行状況

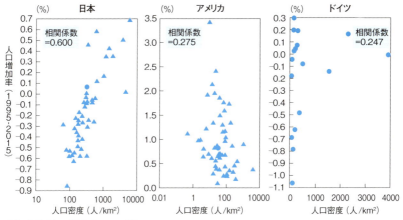

出典：各国政府の統計を基にADL分析

　第二次世界大戦後の日本では、先行していた欧米諸国をキャッチアップするために、地方から東京などの都市部に人口を移動させることで、都市部への人口・産業の集積やインフラ整備を進め、経済発展を遂げてきた。現在進行している過疎化は、後発国特有の経済駆動モデルによって成功してきたことによる反動という側面が大きい。このため、日本にならって成長を遂げたアジア圏の新興国でも将来的には起こり得る現象だが、顕在化するのはもう少し先の話であり、現時点では日本固有の問題といえる。

　一方、「交通事故の削減」は各国共通の課題だが、先進国においてはシートベルト着用義務化やエアバッグなどの安全装備の普及により既に減少傾向にある。最近は自動緊急ブレーキなどのADAS装備の普及が、より即効性のある解決策になっている。また、自動運転車の普及が進めば「渋滞減少」による「大気汚染防止」や「$CO_2$削減」などの効果も期待できる。ただし、これらの問題がより深刻化しているのは、中国やインドのような新興国である。また、これらの課題に

対しては、都市部への自家用車の乗り入れ規制やパワートレーンの電動化などが、より直接的な解決策となり得る。

　このようにみると、マクロな社会的課題・ニーズ解決のために自動運転やモビリティーサービス導入の必然性が相対的に高いのは、実は日本なのである。つまり、日本では特に社会的な政策の一部として、これらのサービス・技術開発を進める意義が大きい。これに対して欧米では、日本で社会問題となっている高齢化による労働力不足や過疎化のような社会問題の深刻度は、（少なくとも現時点では）日本ほどには高くない。そのため、自動運転やモビリティーサービスの普及をけん引するのは、よりミクロな個人や事業者のニーズが中心とならざるを得ない。この点で日本と欧米には大きな違いがある。

# 第2章

# 世界各国の都市構造はこれだけ違う

前章では、自動運転やモビリティーサービスの普及に向けた前提条件となる重要な視点として、交通システムで解決すべき社会課題・ニーズと、各国ごとにその重要度はどのように違うのかについて論じた。本章では交通システムを導入する上で物理的・政策的な制約条件となり得る「都市構造」について、その分類の視点と各国ごとの違いを考察する。

　交通システムを考える上での前提条件のうち、物理的な制約の観点で特に重要なのが、「各国の都市構造がどのようになっているか」という視点である。具体的には、各国がどのような「人口規模（＝人口

**図2-1　各国における都市の人口規模別分布**

各国における人口分布（都市数比率／人口カバー率）

←小規模都市に分散

| | | 米国 | 欧州 | | |
| --- | --- | --- | --- | --- | --- |
| | | | 英国 | フランス | ドイツ |
| 都市の人口規模 | 数千万人規模 | | | | |
| | 数百万人規模 | 0.03%/11.2%<br>ロサンゼルス、ニューヨーク、サンディエゴなど | 4.8%/8.7%<br>ロンドン、バーミンガム | 1.2%/9.2%<br>パリ、リヨン、ニース、マルセイユ | 1.2%/10.5%<br>ベルリン、ハンブルグ、ミュンヘン、ハノーバー、ケルン |
| | 数十万人規模 | 0.8%/25.0%<br>サンフランシスコ、ミルウォーキー、ホノルルなど | 71.5%/84.9%<br>マンチェスター、リーズ、リヴァプール、シェフィールド、ブリストルなど | 58.8%/78.0%<br>ボルドー、ナント、トゥールーズ、ナンテール、クレテイユ、モンペリエなど | 75.9%/81.1%<br>フランクフルト、シュトゥットガルト、ドレスデン、ブレーメンなど |
| | 数万人規模 | 99.2%/63.8% | 27.7%/13.3% | 39.3%/12.7% | 22.9%/8.3% |

■ 人口カバー率が最も高い都市群の人口規模
■ 人口カバー率が2番目に高い都市群の人口規模
■ 人口カバー率は高くないが、都市数が多い都市の人口規模

出典：ADL分析

集積地・自治体としての規模)」と「人口密度」の都市の分布によって構成されているかということが、最適な交通モードを考える上での重要な要素になる。

## 都市構造によって都市を分類する

「人口規模」は大まかにいえば、まずは桁感で分類できる。数千万人都市は、中国やインドのような人口大国にしか存在しない。数百万人都市は、先進国や中規模国の大都市のレベル。次の数十万人都市は

→ 大都市に集中

| 日本 | 中国 | インドネシア | インド |
|---|---|---|---|
|  | 0.2%/6.2%<br>重慶、上海、北京、成都、天津、広州、保定、哈爾浜、蘇州、深圳、南陽、石家荘、李李 |  | 0.5%/3.1%<br>デリー、ターネー、ノース 24 パーガナス |
| 0.7%/22.5%<br>東京23区、横浜、大阪、名古屋、札幌、神戸、京都、福岡、川崎、さいたま、広島、仙台 | 9.0%/28.4%<br>武漢、邯鄲、温州、濰坊、周口、青島、杭州、鄭州、徐州、西安、南京など | 13.0%/47.2%<br>ジャカルタ、マラン、ボゴール、バンドン、タンゲラン、スカブミ、スラバヤなど | 70.0%/89.3%<br>バンガロール、マハーラーシュトラ、ジャイプル、サウス 24 パーガナスなど |
| 71.4%/75.6%<br>八王子、千葉、船橋、相模原、新潟、浜松、岡山、川口、熊本、北九州など | 19.0%/17.3%<br>七台河市、秦皇島、邢台、張家口、阿坝藏族羌族自治州など | 72.0%/50.8%<br>デンパサール、ボゴール、トゥルンガグン、スマラン、バタム、ランプンなど | 26.0%/7.5%<br>マンディー、モーガー、チャトラクート、バンガロール、ラヤガーダなど |
| 28.0%/1.9% | 71.8%/48.1% | 14.8%/2.0% | 3.4%/0.1% |

実際にはかなり幅が広く、日本でいえば地方の中核都市や大都市圏のベッドタウンなどが代表例となる。数万人都市は、中小の市と町村が混在しているところで、比較的人口が密集していない地方部が大半ということになる。

　各国の自治体数と居住人口を人口規模で分類してみる（**図2-1**）。米国は数万人都市に居住する人口が全体の6割強を占めており、過半の人が都市よりも田舎に住んでいるといえる。一方、欧州は数百万人都市や数万人都市に居住する人口はごく一部であり、数十万人の中規模都市に人口が集中している。日本は欧州同様に、数十万人都市に人口の3/4が集中している一方で、数百万人規模の大都市にも2割強の人口が居住している。

　一方、中国・インドネシア・インドなどの新興国では、首都圏などの大都市部への人口集中度が先進国よりも高い。

　より具体的な閾（しきい）値としては、「100万人」と「30万人」が一つの単位となり得る。100万人は、日本でも（最近は緩和されたものの）政令指定都市指定の基準とされている人口規模であり、世界的に見ても一自治体で100万人を超える都市は中国、インドなどの人口大国を除けば、各国の首都＋α程度しかないのが通常である。

　これに対して、一つの人口集積地として百貨店や救命救急センターなどの「街」としての高度機能を揃えられるのが、30万人といわれている。また、都市計画は一義的には自治体の単位で検討されることが多いため、一自治体で30万人というのは交通システムを考える上での一つの単位となり得る。

　「人口密度」については、モビリティーサービスの事業採算を考える上で重要な要素となり得る。こちらも桁感で見ると、1km²当たり1万人を超えるのが、東京のような過密型の大都市の目安である。先進国では日本の東京23区や米国のニューヨーク、フランスのパリ中

心部などごく限られた大都市のみとなる。

5000人/km²を超えるのも、かなりの大都市部やそこに近接したベッドタウンくらいしかなく、大多数の自治体は1000〜5000人/km²規模のゾーンに入る。また米国や日本の地方などには、人口密度1000人/km²以下の地域もかなり存在している。

## 人口規模と人口密度で都市構造を整理

これまで見てきた人口規模と人口密度で都市を分類すると七つに整理できる（図2-2）。「(1) 過密型大都市」は、「人口が100万人以上」かつ「人口密度が5000人/km²以上」の都市であり、自治体の財政規模やモビリティーサービスとしての事業性の両面から、鉄道などの公共交通の整備の可能性も含めて最も自由度が高い地域といえる。ここに分類される都市は世界的に見ても数えられるほどであり、日本でいえば東京23区、大阪市、川崎市、横浜市、名古屋市、さいたま市の

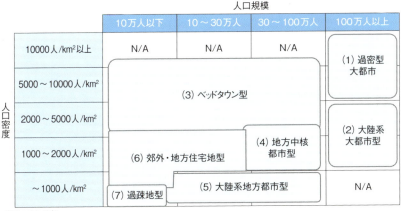

図2-2　都市の分類

出典：ADL分析

みとなる。

　「(2) 大陸系大都市」は、「人口が100万人以上」かつ「人口密度が5000人/km²以下」の都市である。米国や欧州の大陸国系の大都市のように、自治体としての規模は大きいが、比較的広範に人口が分布している。結果として交通システムとしては、中心部などで一部公共交通機関が普及しているとしても、全体でみると自動車が中心となっている場合が多い。日本でいえば福岡市、神戸市、京都市、札幌市、仙台市、広島市が該当する。

　「(3) ベッドタウン」は、「人口密度が2000〜3000人/km²以上」で、(1) または (2) に隣接している自治体である。鉄道・バスなどの公共交通網が隣接する大都市を起点に一体で整備されることが多く、一定以上の人口密度が担保されていることで、モビリティーサービスの導入においてもサービス採算の面から一定の自由度がある地域といえる。日本でいえば首都圏なら川口市、市川市、町田市など、大阪圏なら豊中市、吹田市、尼崎市など、名古屋圏なら一宮市、春日井市、岐阜市などのイメージである。

　「(4) 地方中核都市」は、「人口が約30万人以上」かつ「人口密度が1000人/km²〜約3000人/km²」である。これらの定量的な基準に加え、実態としての都市機能として (1) と (2) の大都市圏とは独立した場所に立地しており、後で説明する「(6) 郊外・地方住宅地」の自治体と広域的な都市機能を形成しているような都市が該当する。日本でいえば那覇市、熊本市、和歌山市、倉敷市、久留米市、宇都宮市、松山市、新潟市、高松市、高知市、鹿児島市、長崎市、前橋市などのイメージである。

　「(5) 大陸系地方都市」は、「人口密度が1000人km²以下」だが「人口規模が約10万人以上」の都市である。自治体として一定の人口・財政規模があるが人口密度が全体的に低く（もしくは特に人口密度が

低い山間部などの過疎地域を自治体内に包含しており）、交通システムとしては完全に自動車主体になっているような都市である。代表例を挙げれば、金沢市、大分市、岡山市、福山市、高崎市、宮崎市、浜松市、静岡市、旭川市、豊田市、長野市、郡山市、秋田市、富山市などのイメージである。

「(6) 郊外・地方住宅地」は、「人口が30万人以下」で「人口密度が約100人/km² 〜 2000人/km²」の都市である。(4)の地方中核都市に対するベッドタウン（ただし、(3)のベッドタウンほど人口密度が高くない）に加え、完全に人口が分散した地方部の自治体が含まれる。地方部で自動車中心の交通システムになっていることに加え、個々の自治体としてはあまり規模が大きくないため、公的なインフラ整備の余力も限られることが多い。

最後の「過疎地」は、「人口規模が約10万人以下」で「人口密度が100人/km²以下」の地域である。人口がまばらで自治体の規模も小さいため、交通弱者対策の面で現状では最も対応策が限られる地域といえる。

## 七つの分類で世界の都市を整理

この七つの分類に基づいて、日米欧の構造を比較してみる。日本は自治体数でみると（6）と（7）の地域が多くなるのは当然だが、人口規模でみると（1）と（3）、（5）、（6）の地域にほぼ2割ずつ均等に分布している（**図2-3**）。自家用車保有台数でみると、人口・世帯当たりの保有台数が多い（5）と（6）の地域で約半数を占めており、（1）や（2）のような大都市部における自動車保有は全体の2割に満たない。ただし、（3）の地域まで含めると、市場全体の4割程度に達するためそれなりのインパクトを持ち得る。

図2-3　都市分類ごとの比率：日本

出典：ADL分析

図2-4　都市分類ごとの比率：米国

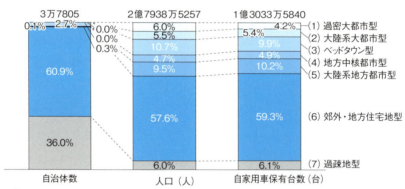

出典：ADL分析

　一方、米国を見ると、（6）の地域が人口・自家用車保有台数ともに約6割を占めており、圧倒的な主流派となっている（**図2-4**）。欧州（英国）は日本と米国の中間で、（5）の地域が主流で人口・自家用車保有台数で全体の4割程度を占めている（**図2-5**）。次いで（6）の地域が3割程度となり、この二つのセグメントで全体の7割近くを占めている。

## 図2-5 都市分類ごとの比率：欧州（英国）

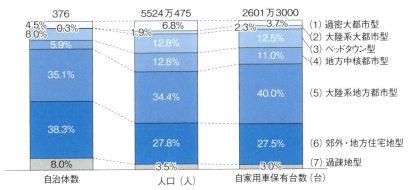

出典：ADL分析

　欧州で（6）の地域より（5）の地域が多いのは、国としての歴史的背景から都市単位での自治の文化が強く、今でもある程度、街区の中に人口が集積しているからである。このような街区の単位で、過去からインフラや交通システムの整備が進んできたという面があるといえよう。

# 第3章

# 各国の普及をけん引するのはどの産業か

自動運転やモビリティーサービスの普及に向けた前提条件として、第1章では「交通システムで解決すべき社会的課題・ニーズ」、第2章では「世界各国の都市構造」について考察した。本章ではよりビジネス的な側面からの前提として、「各国において自動運転や新たなモビリティーサービスの普及をどの産業がけん引するのか」について考える。

## 世界各国の主要産業と自動車産業の位置付け

自動運転やモビリティーサービスの普及に影響を与える産業を特定するには、まず各国の産業構造の違いを理解する必要がある。そこで、各国の主要産業を2015年度の利益額の大きさで順位付けしてみ

図3-1　各国の産業構造の中における各産業の位置付け

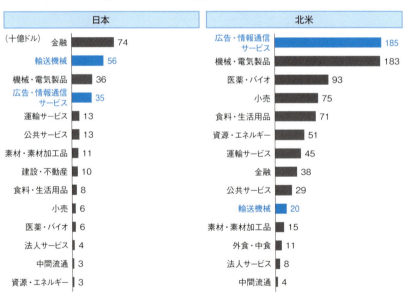

出典：SPEEDAを基にADL推計　*各国の営業利益額（2015年度）上位100社を産業別に分類

ると、興味深い点がいくつか見えてくる（図3-1）。

一つ目は、各国の自動車を中心とする輸送機械産業の位置付けである。日本の場合、輸送機械産業は金融産業に次ぐ利益創出産業になっている。しかも、金融産業は2016年度に日本銀行のマイナス金利政策により大きく収益性を落とすなど、政策に依存する要素が大きいため、実質的には輸送機械産業が最大の稼ぎ頭といってもよい状況である。

一方、米国や中国では、輸送機械産業は利益額ランキングで他産業の後塵を拝する状況にある。日本と米国・中国の中間に位置するのが欧州である（欧州の中でもドイツは日本と同じように、自動車産業が主導する産業構造となる）。このため日本や欧州は、自動運転やモビリティーサービスの普及において、自動車メーカーの果たす役割が大きい、もしくは自動車メーカーの意向によってこれらの普及のスピー

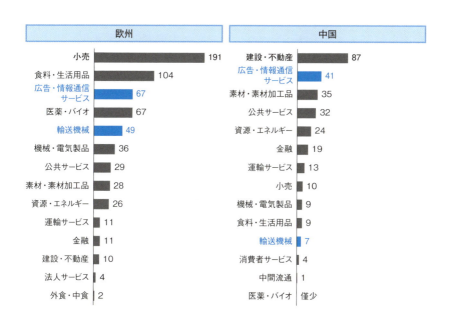

ドが変わり得る可能性が高い。

　それでは各国の産業構造の中で、自動車産業以外ではどの産業が自動運転やモビリティーサービスの普及をけん引し得るのか。ここで特に注目すべきなのは、広告・情報通信サービス産業の位置付けである。米国のGoogle社やAmazon社、Uber Technologies社などの情報通信技術をベースとした新興のサービス事業者が、自動運転やモビリティーサービス普及において大きな役割を果たすことが注目を集めている。実は、この広告・情報通信サービス産業の位置付けは、国によって大きく異なる。

　いうまでもなく、広告・情報通信サービス産業の存在感が最も大きいのは米国である。利益額ベースでいえば、米国では情報通信産業が自動車産業の10倍近い投資余力を持っている。実際に、米国において自動運転やモビリティーサービスの開発をけん引しているのは、情報通信サービス事業者である。米GM社や米Ford Motor社などの既存の自動車メーカーは、これらのサービス事業者に対する出資者や協業先としての位置付けで取り上げられることが多い。

　米国に次いで情報通信産業の存在感が大きいのは中国である。インフラ整備を進める建設・不動産産業に次ぐ利益を創出している。実際に、中国において自動運転開発を主導しているのはBaidu社などの情報通信事業者であり、自動車メーカーにおける開発の主戦場は電動車開発であろう。一方、自動車産業が比較的投資余力を持っている日本や欧州でも、情報通信産業は一定以上の投資余力を持っているように見える。

## モビリティーサービスと四つの関連産業

　次にもう少しミクロな視点で、各国におけるモビリティーサービス

関連産業の位置付けを考察する。モビリティーサービス関連産業としては、以下の四つの産業を取り上げる。一つ目は、車両を用いて旅客輸送をする「運輸産業」である。運輸産業には空（航空）と海（海運）も存在するが、陸上交通に絞ると鉄道系事業者とそれ以外のバス・タクシー系事業者に大別される（特に日本では、私鉄事業者がバス・タクシー事業もワンストップで提供している場合が多くみられるが、これらの事業者は便宜上、全て鉄道系事業者とする）。

　二つ目はトラックなどを使い荷物を運ぶ「物流産業」、三つ目は「小売産業」である。これは物流事業者の顧客産業という従来の位置付けに加え、E-Commerceとの競争激化の中で、オムニチャネル化などの形で新たなモビリティーサービスとの融合の可能性が出てきている。この点でもモビリティーサービスに関係し得る産業といえる。

　最後が、マクロな分析の中でも登場した「情報通信産業」である。この産業は、大きく通信系事業者とITサービス系事業者に分類できる。情報通信産業も、運輸・物流・小売事業に対する情報通信インフラの提供という従来の役割に加え、Amazon社のようにE-Commerce事業者として小売産業と競合したり、Uber社やシンガポールGrab社などのように新形態のモビリティーサービス事業者として既存の運輸・物流業界と競合したりする形で、より直接的にモビリティーサービス市場における主要プレイヤーになりつつある。

## モビリティーサービス関連産業の位置付け

　このような四つの関連産業の各国における市場（売上）規模と収益性水準（EBITDAマージン）を比較してみると、興味深い示唆が読み取れる（**図3-2**）。例えば運輸産業を経済規模で各国比較すると欧州が大きい半面、米国では極めて小さな規模の市場しか存在していな

図3-2　各国におけるモビリティーサービス関連産業の位置付け

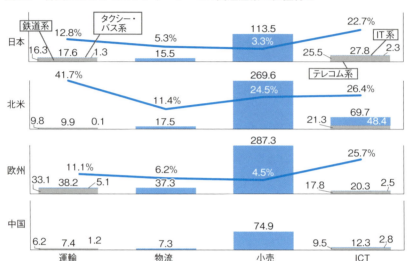

棒グラフ：売上規模（兆円）、折れ線グラフ：EBITDAマージン（%）
出典：ADL分析

いことが分かる。また運輸産業の中では各国とも、鉄道系の方がバス・タクシー系よりもはるかに大きな市場となっている。

　特に米国の場合、鉄道系は長距離（大陸横断）の貨物輸送に特化して高収益を上げている事業者がいる。一方で都市交通については、公営バスや個人タクシーが中心となっているため、これらをビジネスとして手掛ける大手事業者がほぼ存在していない。このことが特に、バス・タクシー系事業者の規模が極めて限定的であることにも表れている。これが米国において、情報通信系のサービス事業者が積極的にモビリティーサービス事業を拡大しようとしている大きな背景になっている。

　一方、日本・欧州では鉄道系事業者の存在感が大きい。今後のモビリティーサービスの普及においても、鉄道系事業者が同サービスを自社の既存サービスと競合するサービスと捉えるか、補完的なサービス

として捉えるかで市場形成に大きな影響を与え得る。例えばドイツでは、ドイツ鉄道（Deutsche Bahn:DB）が自社の鉄道事業を中心としたマルチモーダル型サービス開発に積極的であり、カーシェアリング事業などにも積極的に投資をしている（図3-3）。また、欧州ではバス・タクシー系産業も一定の規模になっており、既に鉄道系公共交通と補完的な位置付けにあるともいえる。

物流産業についても経済規模で比較すると、日本・欧州に比べて米国において特に産業規模が限定的であることがうかがえる。これが、E-Commerceによるラストワンマイル物流の需要急増によって、ICT系事業者も含めた代替サービスの開発競争が激しくなっている背景にあるといえる。

小売産業の規模は、ほぼ各地域の経済規模に比例しており、他産業に比べてその売上規模は1桁大きい。小売事業の業態展開が今後どのように進むかは、各国のモビリティーサービスの変革に大きな影響を与え得る。また、相対的に米国事業者の収益性が高く、新たなサービス開発への投資余力という意味では米国勢が優位といえる。

実際に米Walmart社は、E-Commerceへの対抗として掲げるネットスーパー事業で、商品の宅配手段を確保するためにUber社と提携するなど、新興モビリティーサービス事業者との協業にも積極的に取り組んでいる。日本でも地方都市のショッピングモール事業を中核事業に位置付けてきたイオンが、自動運転技術を用いたモール内での送迎バスの無人化など新たなモビリティーサービス開発に取り組むといった動きが出てきている。

## 情報通信産業は米国が突出

最後の情報通信産業は、他産業との規模の比較の観点では米国が抜

図3-3　モビリティーサービスの取り組み事例と代表的なプレーヤー

| | 事業者 | |
|---|---|---|
| | 運輸（鉄道・バス・タクシー） | 物流 |
| 日本 | ・富山地方鉄道<br>マルチモーダルの一貫としてLRTを導入 | ・ヤマト運輸<br>DeNAと無人配送トラックを検討 |
| 北米 | | |
| 欧州 | ・DB、SNCF、SBB<br>鉄道を中心としたマルチモーダルを導入<br>・Post Bus<br>無人運転バスの実証 | ・DHL<br>山岳地帯でのドローン配送を試験 |
| 中国 | ・宇通客車<br>空港と都市間をつなぐ無人バスの開発・実証試験を実施 | |
| 事業者ごとの特徴 | 限定地域で無人運転化したり、鉄道、バスなどを自社展開する事業者がマルチモーダル化する | 再配達問題に対して、無人配送車両やドローンが検討されるが、利用可能地域は限定的 |

出典：ADL分析

きん出ている。次いで日本が大きい。一方、欧州では運輸・物流などの既存のモビリティーサービス産業の規模が日本の2倍近くに達しているのに対して、情報通信産業の規模は日本よりも相対的に小さい。モビリティーサービスの革新をけん引するには力不足であることが分かる。

　さらに、日本や欧州はIT系事業者より通信系事業者の規模が大きく、米国や中国のような純粋なIT系の新興企業の存在感は相対的に小さい。実際に日本でモビリティーサービスの開発に積極的なのは、社内ベンチャー（ソフトバンクドライブ）で自動運転を使った無人バ

| | 小売/EC | 通信・IT | | 国ごとの特徴 |
|---|---|---|---|---|
| | ・イオン<br>DeNAと無人運転バスの試験や、ドローン配送を検討 | ・ソフトバンク (SBDrive)<br>・DeNA<br>無人運転バス、タクシー、トラックを検討 | ▶ | IT系プレーヤーを中心に、物流や小売事業者が連携し、サービス展開する |
| | ・Amazon<br>・Walmart<br>ライドシェア車両による商品配送や、ドローン配送を検討 | ・Google<br>完全自動運転車のアルゴリズムを開発・実証試験を実施 | ▶ | IT系、小売/EC系プレーヤーが独自にサービス展開を行う |
| | | | ▶ | 大手鉄道事業者が中心となり、マルチモーダルを中核としたエコシステムを形成しサービス展開する |
| | | ・Baidu<br>・Alibaba<br>完全自動運転車のアルゴリズムを開発・実証試験を実施 | ▶ | 国家主導でIT系プレーヤーを中心としたサービス展開を行う |

小口配送の拡大、買い物難民などのラストワンマイル問題解決のサービスが展開される　　ネット、スマホの次なるイノベーション先として、モビリティーサービスを展開する

スサービスを推進しているソフトバンクや、NTTドコモなどのモバイル通信事業者である。

　また、日本の純粋なIT系事業者として唯一この領域で積極的な動きを見せてきたDeNAは、日産自動車と包括提携を発表した。少なくとも日本においてIT系事業者は、モビリティーサービス開発において自動車産業の補完的な役割を担う可能性が高いことの証左であろう。

# 既存の交通サービスはどこに問題があるか

前章ではマクロな視点から、自動運転やモビリティーサービスの普及に向けた前提条件として、「各国の自動運転や新たなモビリティーサービスの普及をどの産業がけん引するのか」を考察した。本章では、バス・タクシー・レンタカーなどの既存のサービス事業の現状と、その課題を俯瞰的に整理してみる。

## 都市間交通と都市内交通に大きく分類

　現状のモビリティーシステムは、大きく「都市間交通」と「都市内交通」に分けられる（**図4-1**）。このうち都市間交通は、長距離を走ることが多くなるため、新幹線などの高速鉄道を含めた鉄道や長距離（高速）バスが主な手段となっている。また、地方部など公共交通網の密度が低い地域においては、レンタカーなどの乗用車ベースのサービスが、その補完手段として機能している。

　都市内交通は、駅やその他の主要な目的地などを結ぶ「幹線」と、そこから各家庭などの最終目的地までを結ぶ「ラストワンマイル」に大きく分けられる。このうち幹線部分は、地下鉄を含む都市内鉄道や

図4-1　モビリティーシステムの構成要素

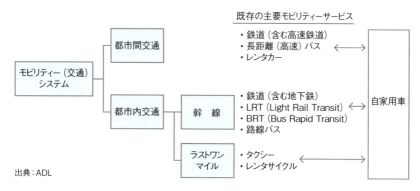

出典：ADL

路面電車をベースにした「LRT（Light Rail Transit）」やバスが専用レーンを走る「BRT（Bus Rapid Transit）」、路線バスなどの公共交通機関が、その投資効率からも整備しやすい。これらの中でどの方式が適切かは、その区間で必要となる単位時間当たりの輸送量でほぼ決まる。また、その必要輸送量は各都市の人口密度にほぼ比例する関係にある。

一方、ラストワンマイルについては、基本的には少人数乗車の車両を活用したモビリティーサービス間の戦いになっている。タクシーやカーシェアリングなどのサービスを利用するか、欧州や日本の大都市部、もしくはアジアなどの人口密度が高い地域においては、レンタサイクルなどもその手段の一つとなっている。

自家用車はこの全てのモードに対応できるが、ユーザーによってその使い方は異なる。新しいモビリティーサービスの普及の可能性を考えるには、まず、このような既存のモビリティーサービスとの競争関係を考えていくことが必要である。そのために、既存のモビリティーサービスがどのような課題を抱えているかを整理する。

## 長期低落傾向のバス事業

まずはバス事業である。同事業には、あらかじめ決めた路線や時刻に沿って運営される「乗合バス」と、観光などに使われる「貸切バス」の2種類が存在する。都市交通システムの一部を構成する乗合バスには、都市間を運行する「高速バス」と都市内で運行する「路線バス」がある。

日本ではバス事業全体で年間延べ40億人以上を運んでおり、公共交通システムによる旅客輸送量全体のうち乗合バスは約14％、貸切バスは約1％の合計15％程度を担っている（2013年度）。ただし、こ

の比率は長期低落傾向にあり、ピークの1960〜70年代には年間100億人近くを輸送し、公共交通全体の約1/3を担っていた。

減少の背景には、地方における自家用車保有率の上昇や、少子高齢化および過疎化の進行に伴うバス運行路線の減少などがある。結果として、バス事業者の収益性を悪化させている。このような中で、路線バス事業の赤字解消に向けた2000年以降の規制緩和を受けて、同時に手掛けている貸切バス事業や高速バス事業を強化する事業者が増えてきた。

それでも黒字になっている事業者は3割程度であり、乗合バス事業単体では大半の事業者が赤字である（なお、都市内の路線バスに関しては日本の場合、民営の事業者が事業者数全体の98％を占めてほぼ民営化しているのに対して、海外では公営が主流であり、米国ですら全体の2/3が公営となっている）。

バス事業者の収益構造の観点で見ると、運転者の人件費が6割弱を占める（**図4-2**）。一方で運転者の労働環境の観点では長時間・低賃金

**図4-2　乗合バス事業の収益構造**

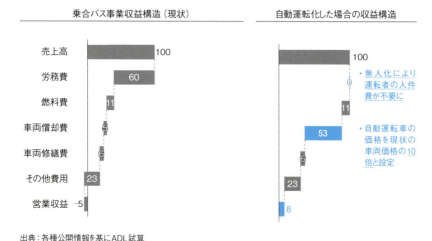

出典：各種公開情報を基にADL試算

の労働集約的な職業となっており、人材確保が難しくなってきている。

## 有効な手段はコミュニティーバスの自動運転化

　このような状況から特に日本においては、「利用者の減少⇒事業者の収益悪化」という負のスパイラルが、長期にわたって続いている。そもそもバスは、学生や高齢者など自家用車を持たない層が通学・買い物などの用途で利用しているケースが大半である。交通弱者対策としての公共性があるため、自治体主導でコミュニティーバスの導入が進みつつある。

　実際に国土交通省の調査によると、全国で約6割の地方自治体がコミュニティーバスの運行を手掛けている。今後、潜在的なバス利用者として特に需要を伸ばす可能性があるのは自家用車の免許を返納した高齢者であり、既にコミュニティーバス利用者の15％程度を占めるに至っている。

　現状の高齢者の免許返納率は1.6％程度に過ぎないが、昨今の高齢者による事故比率の増加に伴い、今後返納率の向上を促進する世論が高まる可能性がある。さらに、今後の高齢者人口の急増と返納率の上昇の結果、新たなバス需要として顕在化する可能性が高い。

　一方で高齢者側の事情を見ると、免許返納の意思がある高齢者は全体の2割程度との調査結果がある。免許返納後の代替交通手段をどのように考えていくかは、日本において重要な社会的課題である。

　これらのニーズと課題を解決するために、自動運転技術を用いた「コミュニティーバスの無人化」は有効な手段となり得る。自動運転化によりバス事業者のコストの約6割を占めている運転者の人件費が不要となると、バス車両価格を現在の10倍程度に設定しても、事業者としては黒字化が可能になり得るからだ。

## 世界的に見て規模は大きい日本のタクシー市場

　次にタクシー業界を見てみる。日本のタクシー市場は3兆円近い水準にあったバブル期から4割強減少したが、それでも1.6兆円程度の市場規模がある（**図4-3**）。米国はタクシーとリムジンを合わせても8000億円弱であり、日本の半分程度の市場規模しかない。米国の人口が日本の2.5倍程度であることを考えると、人口当たりでは1/5程度の規模しかない。

　欧州においてもドイツは約4000億円、英国は約3000億円、フランスは5000億円超、スペインは3000億円超である。いずれの主要国も日本の1/4〜1/3の規模で、人口当たりに換算しても半分程度にとどまる。

　中国はタクシー車両台数が100万台を超えており、日本（20万台強）の5倍程度になる。人口当たりで見ると、おおよそ日本の半分程度の普及率である。このように日本のタクシー市場が他国に比べて大きいのは、主に以下の三つの要因が考えられる。

図4-3　日本におけるタクシー市場規模と1台当たりの売上高（営業収益）

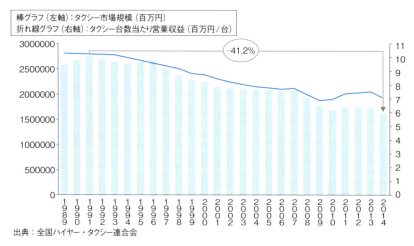

出典：全国ハイヤー・タクシー連合会

（1）人口密度が高く、採算が合う過密都市部に住む人口が比較的多い
（2）（規制緩和が進みつつあるものの）運賃が届出制の"半公営制"を採っていることで、タクシー運賃が先進国の中では比較的安価に抑えられている
（3）（官製市場が形成されたことにより）タクシー事業が個人事業ではなく法人ビジネスとして成立できた

　このうち（1）については第2章で述べたように、日本の持つ地理的な特異性によるものである。（2）についても、欧米各都市のタクシー運賃の水準は日本の1.5～2倍程度となっており、先進国の中では日本のタクシー料金の低さが際立っている。その帰結として、（3）のような形で市場形成が進んできた。

　ただし、企業単位で見るとその規模は大手でも年商数百億円程度であり、地域ごとに細分化されている。また、タクシー事業者とのすみ分けを図るために、個人タクシー免許の取得が他国に比べて極めて難しいことも、結果として日本の個人タクシーの比率が他国より低い理由になっている。

　一方、タクシー事業の人口密度と経済性の関係を見ると、1万人/km²以上であれば「流し」の営業が成立し、5000人/km²程度であれば「駅待ち」の営業が成立するのが現状である。つまり、人口密度の高い都心部では一定の収益が見込めるため、人口密度が相対的に低い地域が中心的なサービスエリアとなる乗合バスほど収益上の課題は深刻ではない。

## 配車システムと無人化が収益向上の方策

　しかし図4-3に示すように、タクシー1台当たりの売上高は1990年前後のピーク時には年間1000万円を超えていたが、足元では700万

円強と約3割近く減少しており、厳しい環境に置かれている企業は多い。また収益構造の観点から見ると、バスと同様に運転者の人件費がコストの約7割に達する一方で、運転者の賃金水準は全産業の約半分、労働時間は1.1倍程度である。バス運転者と同様に、典型的な労働集約型の職場であり、結果として人材不足が深刻化している。

利用者の観点から見ると、既に東京などの都市部でも高齢者が日常的な足として利用することが多くなっている。今後の高齢化に伴い、その需要はますます高まる可能性が高い。実際に車両数ベースでは、東京を筆頭に大都市（圏）を有する都道府県が上位にランクインする

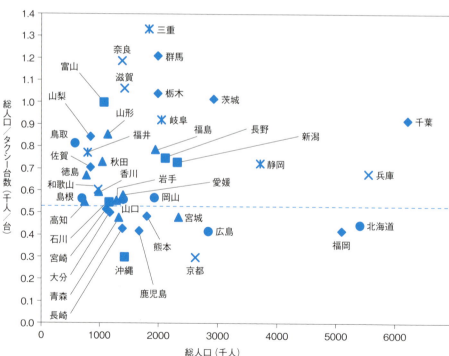

図4-4　都道府県別人口当たりタクシー台数

出典：全国ハイヤー・タクシー連合会、「人口推計」（総務省）

一方で、人口比でみると一定の人口規模を抱える三大都市圏の周辺県や北信越・南東北で人口当たりのタクシー台数が少ない（**図4-4**）。

これら地域は基本的に、自家用車がベースの交通システムになっており、高齢化に伴う免許返納者が増える中でタクシーの供給不足が深刻化する恐れがあるといえる。言い換えると、一定の人口密度がある地方都市でタクシーの利用率が上がることで、需給バランスの観点からは、タクシー事業拡大の余地が生まれるともいえる。

タクシー事業の収益性向上とそれに伴う商圏拡大のための方策としては、「タクシー配車システムの導入」と「自動運転技術の活用による無

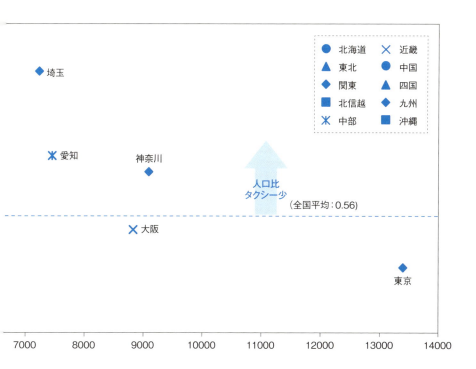

人タクシー導入」が考えられる。配車システム（アプリ）の導入により、現在40％程度の実車率が50％まで高まっただけでも、十分な収益性向上が見込める。また、自動運転化によりタクシー事業者のコストの約7割を占める運転者の人件費が不要となると、「運賃を半額かつタクシー車両価格を10倍」にしたとしても、配車プラットフォーム導入後の有人タクシーよりも高収益な事業になり得るポテンシャルを秘めている。

**図4-5　日本におけるレンタカー業界構造**

| 参入業者属性 | | 代表的参入業者 | 自動車メーカー（資本集約型） |
|---|---|---|---|
| メーカー系 | | トヨタレンタリース | (◎) |
| | | 日産カーレンタルソリューション | (◎) |
| 総合リース | 銀行系 | 住友三井オートサービス（三井住友ファイナンス＆リース）、三菱オートリース（三菱UFJリース）、芙蓉総合リース | |
| | 独立系 | オリックス自動車 | |
| | | 東京センチュリーリース | |
| 専業系 | | ジャパンレンタカー | |
| パーキング系 | | パーク24（タイムズ） | |
| | | 三井不動産 | |
| ガソリンスタンド系 | | レンタス | |
| 中古車販売系 | | トラスト、ワンズネットワーク | |

出典：Speedaなどを基にADL分析

## 寡占化が進むレンタカー事業

　最後に、レンタカー市場を見てみる。日本においてバス・タクシーに比べるとモビリティーサービスとして目立たないレンタカー事業だが、その規模は約6000億円の成長市場である。最大市場の米国では、3兆円近い巨大市場を形成している。欧州の主要国においても、それぞれ1兆円規模の市場となっている。
　タクシー市場と比べると、日本はタクシー市場の方がレンタカー市

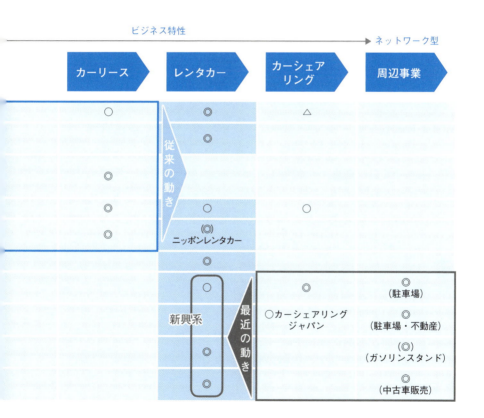

場よりも大きいのに対して、欧米ではレンタカー市場がタクシー市場を上回っている。地域や都市単位で細分化されている、もしくは組織化が進んでいないタクシー事業と対照的に、レンタカー事業は各国共通で資本集約的なビジネスであり、上位大手企業における寡占化が進んでいる。例えば、日本では上位4社（トヨタレンタカー、オリックスレンタカー、タイムズレンタカー、ニッポンレンタカー）で、市場の2/3を占めている。米国でも過去10年の買収により上位3社（Enterprise社、Hertz社、Avis社）への集約が進み、上位3社で約半数の市場シェアを有する。

　ただし日本の場合は、従来は自動車メーカー系や総合リース系など資本集約型のプレイヤーが寡占した市場だったが、近年は駐車場やガソリンスタンドなどネットワーク型の周辺事業からの新規参入者が増え、競争の構図が変化しつつある（**図4-5**）。

　地方のガソリンスタンドの多角化事業の一環としてフランチャイズ型でビジネスを拡大しているニコニコレンタカーなどが代表例である。その背景には、コンビニエンスストアの隆盛などとも共通するが、日本では人口密度が比較的高いことにより、限られた面積の中で複合的なサービスを提供する事業が比較的成立しやすいことがある。

　これに対して最大市場の米国では、レンタカー会社がカーシェアリングやライドシェアリングを組み込むプラットフォームビジネスを生み出しつつある。例えば米国最大手のカーシェアリング事業者だったZipcar社をAvis社が買収するなど、カーシェアリングとビジネスモデルで共通性が高く、M&Aにより集約化が進む方向にある。また、サービスとして競合するライドシェアに対しては、ライドシェアの運転者にクルマを貸す形での提携の動きが見られ、一部補完する可能性も出てきている。

# 第5章

# 各国で勃興する新たなモビリティーサービス
（前編）

前章ではバスやタクシー、レンタカーなど既存のモビリティーサービスの現状について分析した。本章と次章では、既存サービスを代替する形で市場が拡大しつつある新型モビリティーサービスの現状と将来性を考察する。

## カーシェアとライドシェアの違い

　新型モビリティーサービスは、大きく「カーシェアリング」と「ライドシェアリング」の2種類に分けられる（**図5-1**）。両者の最大の違いは、運転者が自分で運転する車を借りるか（カーシェアリング）、

**図5-1　モビリティーサービスの分類**

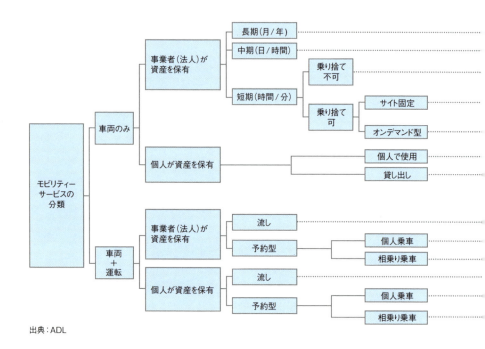

出典：ADL

運転者付の車両に乗客として乗るか（ライドシェアリング）である。つまり、カーシェアリングの最大の競合手段はレンタカーもしくは自家用車であり、ライドシェアリングの最大の競合手段はタクシーやバスである。

　カーシェアリングの中では、日本で主流となっている乗車したところに返す「ステーションベース」型と、欧州で主流となっている決められた場所への乗り捨てが可能な「フリーフローティング」型のサービスがある。また、これら事業者が車両を保有する形のサービスに加えて、自家用車を空いている時間に個人間で貸し借りをする「PtoP」型のシェアリングサービスも徐々に登場している。

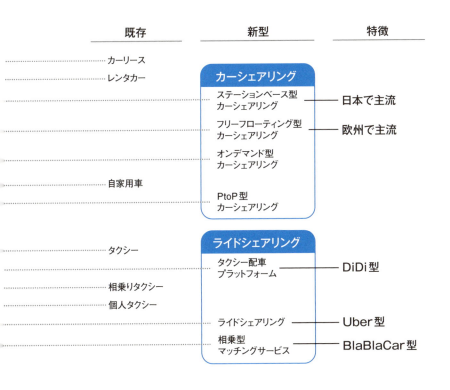

ライドシェアリングにも様々な形があるが、大きくは中国で普及しているタクシー配車プラットフォーム（DiDi型）、米国や新興国を中心に普及している個人と（セミ）プロのタクシー運転者を結びつける狭義のライドシェア（Uber型）、欧州を中心に普及している相乗りを前提とした個人間のマッチングサービス（BlaBlaCar型）に分けられる。

　このうちDiDi型とUber型は、ユーザーから見ると本質的には同じサービスである。各国におけるタクシー業界の成熟（組織化）度と個人タクシーの許容度によって、どちらが主流となるかが決まる。実際にタクシー業界が組織化されている国の一つである日本では米Uber Technology社も、DiDi型のタクシー会社向けの配車プラットフォームとして参入を試みている。また、大手タクシー会社の大半が公営企業（State-owned enterprises）として組成されている中国では、DiDi社との競争に敗れている。

## 米国や新興国ではUber型が普及

　一方、タクシー会社が組織化されておらず、その運転者への信頼度が低い米国や新興国においては、個人タクシー事業者を束ね、Web上の評価システムによって運転者の質の担保を行うUber型ライドシェアサービスへのニーズが急拡大している。Uber型とBlaBlaCar型の最大の違いは営利性の強さである。Uber型では基本的に運転者は利益を得るために運転をしており、料金も需給に合わせてピークタイムには値上げするなど変動するのが普通である。

　これに対してBlaBlaCar型のマッチングサービスでは、運転者は自分の移動に合わせて同乗者を募るのが基本であり、料金もコストを折半することが原則的な考え方になっている（ちなみにUberもUber Poolと称する同一方面に向かう乗客が相乗りするサービスも有して

いるが、こちらは営利ベースである）。

　モビリティーサービス関連のベンチャー企業は各国で増えており、中でもカーシェアリングとライドシェアリングが多くを占める。各国におけるカーシェアリングとライドシェアリングのベンチャー企業数を比較すると、人件費の高い国ほどカーシェアリングの比率が高く、人件費の低い国ほどライドシェアリングが多い（**図5-2**）。

　地域別にみると先進国がカーシェアリング、新興国がライドシェアリングとなるが、先進国の中でも移民の活用が容易な米国や英国などではカーシェアリングとライドシェアリングが拮抗している。また金

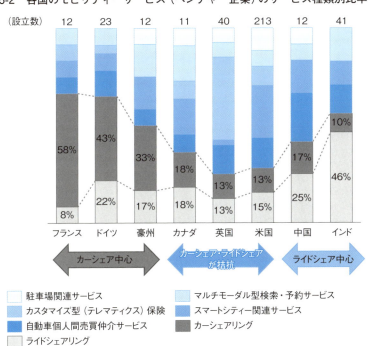

図5-2　各国のモビリティーサービス（ベンチャー企業）のサービス種類別比率

出典：「Venture Scanner」などの各種2次情報を基にADL分析

融産業が活発な米国・英国においては、カーシェアリングやライドシェアリングのような直接的な運輸サービスだけでなく、車両（中古車）の個人間売買の仲介サービスやカスタマイズ型の自動車保険などの金融派生型サービスのベンチャー企業も多く登場している。

## 日本のカーシェア市場は車両ベースで世界最大規模

　日本におけるカーシェアリング市場は、金額ベースでは2015年に200億円を超え、2020年には300億円規模に達すると見られる。ただし、1.6兆円規模のタクシーや6000億円規模のレンタカーなどの既存のモビリティーサービス市場と比較すると、1～2桁小さい規模にとどまる。

　他国と比較すると日本のカーシェアリング市場は、2010年以降急速に拡大しつつあり、2016年3月時点で車両数2万台弱、会員数85万人規模まで拡大し、車両ベースでは単一国としては世界でも最大規模の市場となっている（図5-3）。

　欧州の中ではドイツ市場の規模が最も大きく、英国、フランスの順となる。また人口当たりの普及率で見ると、スイスがドイツを超える水準にあり、日本は全国規模で見るとドイツやスイスの半分以下の水準にとどまっている。

　ドイツでは特に2012年以降の法律改正により、フリーフローティング型のサービスが急速に広まったことで、カーシェアリングの会員数が急増した。一般的にステーションベース型（車両1台当たりの会員数：40～45名/台）よりもフリーフローティング型（同：120～130名/台）の方が、車両1台当たりの会員数を3倍程度多くすることが可能である。言い換えると、車両当たりの会員数が増えないと事業が成立しないといえる。

第5章 各国で勃興する新たなモビリティーサービス（前編）

## 図5-3　カーシェアリングの市場規模推移と他国との比較

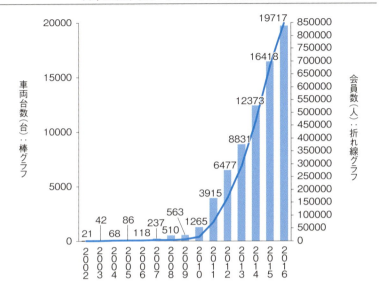

日本におけるカーシェアリング市場規模推移

他国との比較

出典：交通エコロジー・モビリティ協会

日本でフローフローティング型のサービスが普及しない最大の要因は、車両台数の2倍の駐車スペースの確保が義務付けられていることにある。都道府県別に見ると、車両台数では東京都が首位で大阪府が続く。普及率でも東京都と大阪府が高い。東京の普及率は、（欧州のカーシェアリング先進国である）スイスの普及率を上回っている（図5-4）。

## 日本でカーシェアリングが普及する理由

　日本のカーシェアリング業界の構造を見ると、パーク24（タイムズ）や三井リパークなど駐車場（コインパーキング）事業を営む事業者と、オリックス自動車のようにレンタカー事業の延長として取り組む事業者に大別される。直近ではタイムズが独走する構図となっている。

　タイムズはグローバルで見ても、保有している車両台数ベース（1.7万台）で世界最大のカーシェアリング事業者である。日本国内だけで事業を行っている同社がこれだけの規模に成長した背景には、人口密度の高い都市部に人口が比較的集中している日本の地理的特性に加え、日本特有の道路交通行政の方針が大きい。

　2006年の道路交通法の改正により路上駐車の取り締まりが強化され、コインパーキング事業が急速に拡大したことで、コインパーキングのネットワーク化を主力事業として進めてきたタイムズは、「ステーション（駐車場）」の確保とそれを管理するTONIC（Times Online Network & Information Center）と呼ばれる「独自ITシステム」の構築・活用で先行した。これらの事業基盤を活用することで、カーシェアリング事業の面展開に成功した（タイムズのカーシェアリング事業は、2014年度に黒字転換したと発表されている。駐車場を別途契約しなければならない他社に比べて、コスト構造的に大きなア

## 図5-4 都道府県別人口当たりカーシェアリング普及率

### カーシェアリング普及率（会員数*/総人口）

| 都道府県 | 普及率 |
|---|---|
| 東京 | 2.06 |
| 大阪 | 1.31 |
| 京都 | 0.82 |
| 神奈川 | 0.82 |
| 兵庫 | 0.72 |
| 愛知 | 0.59 |
| 千葉 | 0.49 |
| 広島 | 0.43 |
| 埼玉 | 0.38 |
| 福岡 | 0.37 |
| 宮城 | 0.35 |
| 奈良 | 0.31 |
| 沖縄 | 0.24 |
| 熊本 | 0.23 |
| 岡山 | 0.23 |
| 滋賀 | 0.23 |
| 鹿児島 | 0.20 |
| 北海道 | 0.16 |
| 大分 | 0.09 |
| 栃木 | 0.08 |
| 茨城 | 0.07 |
| 長崎 | 0.07 |
| 山口 | 0.07 |
| 和歌山 | 0.07 |
| 富山 | 0.06 |
| 三重 | 0.06 |
| 岐阜 | 0.06 |
| 静岡 | 0.06 |
| 石川 | 0.05 |
| 新潟 | 0.05 |
| 愛媛 | 0.05 |
| 群馬 | 0.05 |
| 宮崎 | 0.04 |
| 山形 | 0.04 |
| 香川 | 0.03 |
| 岩手 | 0.03 |
| 福井 | 0.03 |
| 山梨 | 0.02 |
| 秋田 | 0.02 |
| 長野 | 0.02 |
| 青森 | 0.02 |
| 鳥取 | 0.01 |
| 福島 | 0.01 |
| 高知 | 0.01 |
| 徳島 | 0.01 |
| 島根 | 0.00 |
| 佐賀 | 0.00 |

スイス普及率（1.58％）
日本全国平均（0.57％）

### カーシェアリング車両台数*

|  |  |
|---|---|
| 東京 | 7346 |
| 大阪 | 3087 |
| 神奈川 | 1974 |
| 愛知 | 1174 |
| 兵庫 | 1060 |
| 千葉 | 800 |
| 埼玉 | 738 |
| 京都 | 569 |
| 福岡 | 507 |
| 広島 | 327 |
| 北海道 | 231 |
| 宮城 | 215 |
| 岡山 | 117 |
| 奈良 | 112 |
| 熊本 | 112 |
| 沖縄 | 92 |
| 鹿児島 | 89 |
| 滋賀 | 85 |
| 茨城 | 57 |
| 静岡 | 57 |
| 栃木 | 41 |
| 岐阜 | 34 |
| 新潟 | 32 |
| 三重 | 30 |
| 大分 | 28 |
| 山口 | 27 |
| 長崎 | 27 |
| 群馬 | 25 |
| 富山 | 18 |
| 和歌山 | 18 |
| 愛媛 | 18 |
| 石川 | 16 |
| 宮崎 | 12 |
| 山形 | 11 |
| 岩手 | 9 |
| 長野 | 9 |
| 香川 | 9 |
| 青森 | 5 |
| 福島 | 5 |
| 秋田 | 5 |
| 山梨 | 5 |
| 福井 | 5 |
| 鳥取 | 2 |
| 徳島 | 2 |
| 高知 | 2 |
| 島根 | 0 |
| 佐賀 | 0 |

＊上位5事業者（タイムズ、オリックス、カレコ、カリテコ、アースカー）の合計

出典：「カーシェアリング比較360°」を基にADL分析

ドバンテージがある)。

## ドイツはメーカー系サービスが急拡大

　一方、カーシェアリング市場で欧州最大のドイツでは、Deutsche Bahn傘下のFlinkster社が2015年ごろまで車両台数ベースで首位だったが、直近1〜2年ではDaimler社傘下のCar2GoやBMW社傘下のDriveNowなど完成車メーカー傘下のサービスが車両台数を急拡大させている。

　Daimler社など欧州の完成車メーカーがカーシェアリング事業に取り組む目的はいくつかある。欧州(特にドイツ)では、日本以上に自動車の販売価格が上昇しており、若年層を中心にクルマ離れが進んでいる。短期的には彼らにクルマとの接点を持ってもらい、将来の自家用車購入につなげるマーケティング戦略の一環という側面が強い。

　もちろん中長期的には、クルマを保有しなくなる層の取り込みという狙いがある。そもそも、カーシェアリング事業への投資規模は既存の技術開発投資や工場投資に比べるとそれほど大きくない。そのため、既存事業へのリスクヘッジと新規事業育成の両面から試行的に取り組んでいる側面が強い。

## カーシェアリング事業の収益構造を分析

　ここからは、カーシェアリングビジネスの収益構造を見てみよう。日本の場合、主戦場である大都市部の都心部では、駐車場料金が最大のコスト要因である(図5-5)。日本で主流のステーションベースのビジネスモデルで、都心部の駐車場代を4万〜5万円/月と想定すると、黒字化のためには稼働率を20%近くまで引き上げる必要がある。

図5-5　カーシェアリングの収益構造

出典：各種公開情報を基にADL試算

　一方、駐車場代がかからないと、損益分岐点となる稼働率は5〜6％程度に下がり、駐車場代を「埋没コスト」にできるタイムズはこの水準で採算が合う。そのため、都心部を中心にステーション数を増やすことで事業を拡大してきた。

　ただし、駐車場代がかからず、普及率（人口当たりの会員数）が（既に世界最高水準にある）東京都と同等水準（約2％）になったとしても、人口密度が5000人/km²以上の地域でないと損益分岐点に達しない。人口密度5000人/km²以上というと、前述の都市分類でいえば「過密大都市型」と「ベットタウン型の一部」までになり、この地域ではカーシェアリングが日本では既にかなり普及しつつある。

ユーザーがカーシェアリングを利用しない理由としては、「ステーションまでの至近性」や「需要ピーク時の利用可能性」など、供給側の制約を指摘する意見が多いため、事業展開の工夫によって拡大の余地があるといえる。カーシェアリングのさらなる普及に向けては、ユーザー側の認知度向上や普及率の拡大と合わせて、供給者側の事業採算の面からの供給制約をいかに解消するかがポイントになる。

## カーシェアリング市場、発展の方向性

　これまで見てきたカーシェアリング事業の現状と最近の新たな取り組みを踏まえて、最後に、同事業の発展の方向性を考えてみる。具体的には、(1) フリーフローティング型の普及、(2) 電気自動車（EV）化、(3) 車両小型化（LSV：Low Speed Vehicle活用）、(4) オンデマンド化（自動運転技術活用）、(5) PtoP化──の五つが挙げられる。

### (1) フリーフローティング型の普及

　特に日本では、さらなる規制緩和によってフリーフローティング型サービスが普及する。人口当たりの普及率がドイツ並みに上昇すれば、ドイツでカーシェアリングが普及し始めている地方都市並みの人口密度1000人/km²程度の地域まで、サービスエリアを拡大できる可能性がある。

### (2) EV化

　これまでのサービス高度化とは別の方向性として、既に欧州では各都市における都心部への内燃機関車の乗り入れ規制が引き金となり、EVを用いたカーシェアリングが選ばれるケースが増えている。事業性の観点から見てもEVへの補助金などを含めると、運営コストの面

で有利になる場合も出てきている。

## （3）車両小型化（LSV活用）

トヨタ自動車や日産自動車など大手自動車メーカーがカーシェアリングサービスへの導入を試験的に進めているLSVを利用する方向も考えられる。収益構造の観点で見ると小型の電動LSVを利用することで、電気代や車両償却費、駐車場代などを抑えられるため、稼働率が大きく上がらなくても収益を確保できる可能性がある。

都心部の駐車場代が4万〜5万円/月の水準であっても、稼働率が10％強で黒字化が可能であり、ステーション設置のリスクは低くなる。一方で、駐車場代がかからない場合の損益分岐点となる稼働率は5〜6％程度と、通常車両を利用する場合と変わらないため、都心部でのサービス網拡充のハードルは下がるが、都心部以外の地域へのサービスエリア拡大にはあまり有効でないといえる。

## （4）オンデマンド化（自動運転技術活用）

現状のカーシェアリングでは、ステーションベース型でもフリーフローティング型でも、停車している車両の場所まで利用者が移動することが前提となっている。利用者が乗りたい場所まで車両が出向き、利用者が降りた場所から所定の位置まで車両を回送するというのがオンデマンド型である。有人のオンデマンド型サービスは一部で導入され始めているが、コスト面を考えると自動運転技術を用いるとインパクトは大きくなる。

現状では利用者から見た商圏は、ステーションまでの距離が徒歩5分以内である。オンデマンド化すれば、ステーションから30分程度の距離まで商圏を広げられる可能性がある。無人で回送中の車両が低速（30km/h程度）で走行するとして、自動運転車の価格がベース車

両価格（150万円）の2倍程度まで上昇したとしても、人口密度15～20人/km²の過疎地でも試算上はサービスとして成立し得る。

　技術的な観点から見ると、利用者が乗車後も完全自動運転を実現するには「レベル5」相当の高い技術的な完成度が要求される。しかし、利用者が乗車する前後の送迎や回送時の無人（かつ低速）走行であれば、技術的なハードルは下げられる。これは一種の無人のバレー駐車サービスの延長として考えられる。

## （5）PtoP化

　最後の方向性としては、車両をカーシェアリング事業者が持つのではなく、個人が所有する車両を利用者とマッチングさせるPtoP型のビジネスモデルへの進化が考えられる。この場合も、車両の所有者が自家用車として使っている車両を空いている時間帯だけ貸す場合と、所有者が資産形成の一環として貸出専用に購入した車両をPtoPサービスに登録する場合が考えられる。

　このうち、個人使用と兼用する形は日本においては馴染みにくいが、海外（特に欧米）においては普及の可能性が存在し、実際に米Tesla社は個人所有のクルマを用いたカーシェアリングを始めている。

# 第6章

# 各国で勃興する新たなモビリティーサービス（後編）

前章に続き、新しいモビリティーサービスのうち、ライドシェアリングサービスの現状と今後の方向性について考察する。同サービスの中でも特に普及している「Uber型」と「BlaBlaCar型」に焦点を当てる。

# Uber型サービスが普及する地域の共通性

　ライドシェアリング市場全体の規模を特定するのは困難だが、最大手である米Uber Technologies社の売上高を参考にすると、足元の四半期売上高としては年間ベースで1.5兆円に達する。Uber社のアクティブユーザー比率はインドで最も高く、次いで米国、中国、メキシコの順になっている。このうち母国である米国市場のアクティブユーザー比率は、会社全体の2割弱にすぎない。各国における料金水準の違いを考慮しても、米国における売り上げは約3000億円になる。

　これは米国における従来のタクシー・ハイヤーの市場規模（約8000億円）の半分弱であり、3兆円規模のレンタカー市場の1割程度である。この結果から米国においても、組織化が進んでいないタクシー市場の補完や巨大なレンタカー市場の代替を狙うことで、一定の成長のポテンシャルが存在することが分かる。

　またUber社のサービスの普及率が相対的に高い地域としては、利用者の絶対数が多いインド、米国、メキシコに加えて、ブラジル、フィリピン、英国、コロンビア、ベトナムなどが挙げられる。これらの国には、以下のような共通性が見られる。

## （1）運転者の人件費（専業、兼業）

　前章でカーシェアリングと比較した際に、低い人件費で運転者を確保できることがライドシェアリング普及の条件と述べた。実際に新興国でライドシェアリングが普及しているのは、この側面が大きい。米

国では移民を運転者として活用しやすいことに加えて、兼業によって運転者を確保している面がある。実際に米国におけるUber社のサービスでは、運転者の半数強が兼業である（**図6-1**）。

パートタイム運転者の約半数は1週間の勤務時間が12時間未満であり、約80％は何らかの形で別の仕事に従事している。日本のタクシー運転手とは異なり、パートタイム運転者のほとんどは、「本業の収入が不十分／不安定」「自宅・自家用車のローン、奨学金の返済」などのために補完的な収入を求めている。

また、ピーク時間が割増料金となるケースが多いため、少し早く仕事を切り上げて朝夕のラッシュ時間帯などにライドシェアリングの運転者として働くといったケースが多い。ライドシェアリングに対する評価としては、利用者にとっての「時間節約・ストレス低減」「高齢者の移動手段確保」と並んで、運転者にとっての「フレキシブルな労働機会の提供」を評価する声が多い。

ただし、こうしたUber型サービスの優位性については、どこまで

**図6-1　Uberサービスにおける運転者の勤務状況**

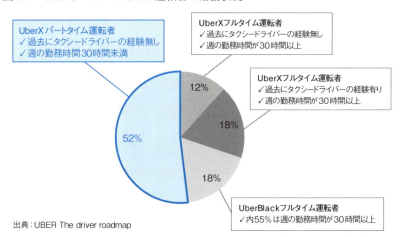

出典：UBER The driver roadmap

持続が可能なのかが大きな論点であろう。新興国では、経済発展に伴う賃金上昇は避けられない。米国などの先進国では今後、移民の流入が制限される可能性がある。さらに、社会保障費を企業が負担せずに、非正規の運転者を安いコストで囲い込むことに対する反発が強まっている。サービス事業者として、この点についてどのように折り合いをつけるかが重要になるであろう。

## (2) 人口密度

前章の分析でカーシェアリングの場合、人口密度が5000人/km²以上が普及の条件になることを紹介した。これに対してUber社のサービスが浸透しているのは、人口密度が3000人/km²以下の相対的に人口密度が低い都市や地域が多い（**図6-2**）。

例えば、サービス開始から世界で最も速く利用者が増えたベトナムのハノイ市とホーチミン市は、人口密度が3000人/km²程度である。米国でUber社がサービスを提供している都市は、大都市部を除けば人口密度が数百人～3000人/km²程度の地方都市が中心である。

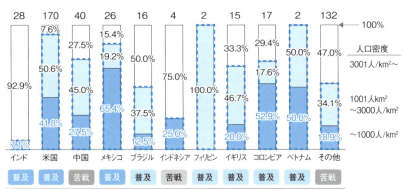

図6-2　Uberサービス普及国の都市人口分布

出典：Uber社のwebサイトなどを基にADL分析

日本にあてはめると人口密度が3000人/km²前後の都市としては、愛知県刈谷市、兵庫県川西市、埼玉県桶川市といった、いわゆるベッドタウンや地方中核都市などが該当する。これらの都市の交通システムは現状ではクルマ中心となっており、人口当たりのタクシー台数が少ない地域とほぼ重なる。

日本のタクシーのコスト構造に対して、Uber社のサービスのコストは2割程度安い。現状のタクシー会社のコスト構造ではカバーしきれないような、もう少し人口密度の低い地域までカバーできる可能性がある。

## （3）既存モビリティーサービス（タクシー）の普及度・信頼性

特に新興国でUber社のサービスのようなライドシェアリングが普及している大きな要因として、タクシー市場が未成熟であること、もしくは治安や運転者のホスピタリティーなどの観点からサービスとしての品質・信頼性が低いことが挙げられる。一方、日本や欧州、中国ではタクシーが事業として組織化されており、運転者になるには一定以上の条件のクリアが必要である。

このように既存の事業者によって一定以上の品質のサービスが担保されている国や都市では、前述した「運転者の人件費」や「人口密度」の条件が揃っていたとしても、苦戦しているケースが目立つ。例えばASEAN（東南アジア諸国連合）の中でも、タクシーが比較的組織化されているインドネシア（ジャカルタ）では苦戦しているが、タクシー市場が未整備だったベトナムやフィリピンでは普及率が高い。

つまり、モビリティーサービス（運転者）に対する信頼性を担保する仕組みとして、事業者が一元的に管理する形態と、Web上のマッチングサイトでの口コミ評価などによるPtoP型で運転者の信頼を担

保する形態のどちらが好まれるかは、各国の社会的な成熟度や利用者の受容性によるところが大きい。逆に、タクシーが事業として組織化されている国や都市では、「DiDi型」といったタクシー配車サービスのような形で、既存サービスをより効率化する方向でプラットフォーム化が進む可能性が高い。

### （4）ライドシェアリング事業者間の競争環境　　　（有力ローカルプレーヤーの存在）

　アジアや中南米などの人口が多い新興国では、現地のニーズにより適合した対応をしているローカルプレーヤーが主流になりつつあり、Uber社のようなグローバルプレーヤーのシェアが必ずしも高いわけではない。特にASEANでは四輪車のライドシェアリングに限らず、激しい渋滞が回避できる二輪車のライドシェアリングも普及の兆しを見せており、サービスの幅が広がりつつある。

## Uber型サービスの収益性

　Uber社のサービスに関してもう一つよく議論となるのは収益性である。同社は多額の資金を集めて先行投資を継続しているが、足元の収益は赤字が続いており、「いつ黒字転換できるのか」という点に注目が集まっている。ここでよく参考にされるのが、「E-Commerce」の分野で先行投資型のビジネスモデルで成功をおさめた米Amazon社である。

　同社の場合、創業7年目以降は黒字に転換している。Uber社の設立は2009年であり、2018年で創業9年目に入っている。単純に比較はできないが、ECの場合は取り扱う商品数が事実上無限であり、まさに「収穫逓増」の原則があてはまる。これに対してUber社の場合

は、旅客（人の輸送）を対象としている限り、対象は有限である。一定の普及率に達すると、「1回当たりの付加価値をどう高めるか」という方向に舵を切らざるを得ない構造にあるといえるだろう。

## BlaBlaCar型サービス普及の条件

　ライドシェアリングのもう一つの代表的な企業として、フランスBlaBlaCar社が欧州を中心に成長している。米国や新興国を中心に広がっているUber型が短中距離の単独乗車を前提とするタクシーやレンタカーの需要代替を狙ったサービスであるのに対して（運転者は営利目的で、利用者の求めに応じて走行する）、BlaBlaCar型は中長距離の相乗り型乗車を前提に、鉄道や長距離バスの代替を狙ったサービスとして広がっている。

　BlaBlaCar型サービスでは、運転者は自らの移動に合わせて同乗者を募る形になっている。従って運転者の目的は「自らの移動コストを折半すること」、「同乗者がいることで長距離移動を楽しくすること」などである。ヒッチハイクに近いサービスといえる。

　実際にBlaBlaCar型サービスの利用者の属性を見ると、年収レベルでは広く分布しているが、比較的高学歴の人が多い。職業でも学生や専門職、ホワイトカラーの比率が高い。また、低収入層では定期的に使う人が比較的多く、同乗者になるケースも多い。一方、高収入層では、不定期にレジャー目的で運転者として参加することが多い。

　こうしたBlaBlaCar型のライドシェアリングが普及する条件としては、(1) 長距離交通網の利便性、(2) 移動ニーズの性質、(3) 治安の良さ──などが挙げられる。このうち一つ目の「長距離交通網の利便性」については、BlaBlaCar型サービスの普及率が高いフランスや中国などでは鉄道網の整備は進んでいるが、国土形状（国土の縦横比

がほぼ一定）や都市分布の観点から、移動ニーズが特定の幹線区間に集中しにくい特徴がある。

　利用者から見ると、長距離鉄道やバスの乗り継ぎが悪いため、少人数でも「Point-to-Point」で移動できるような半公共的なサービスに対する需要が高いケースが多い。実際にフランスにおけるBlaBlaCar型サービスの利用者を見ると、人口分布では14％程度の地方部の居住者の比率が23％に達するなど、相対的に地方部に住む人の利用比率が高くなっている。

　二つ目の「移動ニーズの性質」については、フランスではバカンス、中国では春節や国慶節などの時期の帰省など、同時期に同じ目的で移動する人が多いときに利用されている。三つ目の「治安の良さ（安心して他人の車に同乗できる）」がある程度担保されていることも必要となる。実際にBlaBlaCar型サービスは、治安の悪いブラジルなどでは利用が低迷している。

## ライドシェアリング発展の三つの方向

　これまで見てきたように、ライドシェアリングはタクシーやバスなど既存のモビリティーサービスを代替・補てんすることで成長している。今後の発展の方向性としては、大きく以下の三つが考えられる。

### （1）強いニーズが存在するユースケースにおける自家用車の代替

　一つ目は、自家用車代替の強いニーズが存在するケースである。例えば、日本の地方都市では今後、免許を返納する高齢者が増えるだろう。こうした交通弱者対策としてライドシェアリングを利用するパターンである。既存のタクシー業界の組織化が進んでいる日本の場合

は、そのサービス運営主体がUber社のような営利目的の民間企業になるかどうかは不透明である。しかしサービスそのもののニーズは高く、実際に一部の地方自治体では行政主導で、高齢者の交通手段を確保するためのオンデマンド型タクシーサービスを導入する例が見られる。

　換言すると、自家用車による移動を代替するようなニーズがない限り、自家用車を保有する人がライドシェアに全面的に移行して自家用車を手放すという状況は想定しにくい。ライドシェアが運転者コストを安く抑える仕組みを持っているといっても、有人でサービスをしている限り、車両コストだけで運営するモビリティーサービスや自家用車保有に対してコストや利便性の面で不利になる可能性が高いからである。

## （2）運輸・物流サービスの統合プラットフォームの提供

　二つ目の方向性は、サービスメニューの多様化によって、運輸・物流サービスの統合プラットフォームを提供するケースである。Uber社が展開するサービスと展開国を整理してみると、サービスメニューとしては大きく分けて、運輸サービスのバリエーションを増やすものと、宅配便やフードデリバリーなどラストワンマイルの物流サービスを担うものが存在している（図6-3）。

　特に大きなポテンシャルを秘めているのは、後者の物流サービスの取り込みであろう。各国の規制動向によるが、ラストワンマイルの物流網が脆弱な地域（大手企業が中心になって宅配網を整備している日本は例外である）では有望である。既存の事業基盤を使って「ヒトの輸送」と「モノの輸送」の両面からのマッチングプラットフォーム化を目指しているといえるだろう。

図6-3　Uberサービスの主要国における展開状況

| サービス | 名称 | オーストラリア | シンガポール | 米国 | カナダ | ドイツ |
|---|---|---|---|---|---|---|
| タクシー配車サービス | UberTAXIなど |  |  | ✓ | ✓ |  |
| 標準車配車サービス | UberBlackなど | ✓ | ✓ | ✓ | ✓ | ✓ |
| 環境配慮型車両配車サービス | UberGreenなど |  |  |  |  |  |
| 社会的弱者配慮車両配車サービス | UberAssist | ✓ |  | ✓ | ✓ |  |
| 飲酒時代行サービス | UberAngel |  |  |  |  |  |
| 英語対応ドライバーサービス | UberEnglish |  |  |  |  |  |
| 大荷物対応車両サービス | UberBag |  |  |  |  |  |
| 相乗りサービス | UberPoolなど | ✓ | ✓ | ✓ | ✓ |  |
| 通勤特化型相乗りサービス（ルート固定） | UberHOP |  |  | ✓ | ✓ |  |
| 通勤特化型相乗りサービス（ルート非固定） | UberCommute |  |  | ✓ |  |  |
| 定額制相乗りサービス | UberPlus |  |  | ✓ |  |  |
| バイク輸送サービス | UberMOTO |  |  |  |  |  |
| ヘリコプター輸送サービス | UberCOPTER | ✓ |  | ✓ |  |  |
| 宅配便サービス | UberRush |  |  | ✓ |  |  |
| フードデリバリーサービス | UberEATS | ✓ | ✓ | ✓ | ✓ |  |

※期間限定などのパイロットサービスも含む
出典：Uber社のwebサイトなどを基にADL分析

導入期のサービス

## （3）自動運転車を利用した無人化

　三つ目の方向性は、自動運転車を利用した無人化である。これは中長期的な成長余地として、Uber社が強く志向している。ミクロな事業コスト構造の観点から見れば、コストの約半分を占める運転者の人件費が不要になれば、運転者を囲い込む手間を含めて大幅な効率化、

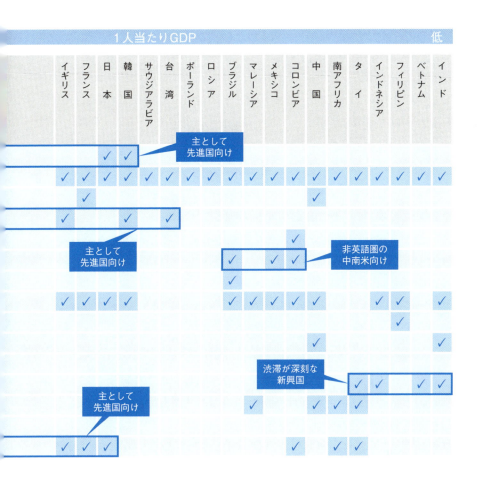

　事業モデルの転換が可能となる。
　一方、実現に向けた技術的な難易度に加えて、事業性の面でもいくつかの課題があると思われる。第一に、無人化することでどれだけの新規需要を取り込めるかという点である。特に、既存のモビリティーサービスの需要だけでなく、自家用車の需要をどこまで取り込めるか

という点が重要になる。

　運転者の人件費を削減できることでコスト競争力が増すのは事実だが、利用者は自家用車保有と比べた「費用対効果」だけで判断するわけではない。有人サービスでも、人口密度の高い地域で事業性は良くなる。無人化によって、どこまでサービス対象の地域・都市を広げられるかが重要になる。

　また、現状の有人サービスでは車両は資産として運転者が保有し、Uber社のサービスは運転者と乗客とのマッチングを行うプラットフォームを提供するというビジネスモデルである。自動運転車を用いた無人化の場合、「その自動車を自ら保有して垂直統合型のオペレーターとなるのか」、「PtoP型で無人運転車の所有者と利用者をつなぐプラットフォームビジネスに徹するのか」という点で、必要となる投資規模が変わってくる。

　第二に、Uber社の存在意義は「ユーザーに対する移動の利便性の提供」と「運転者という就業機会の提供」の二つで成り立っている。自動運転者による無人化は、後者の存在意義を技術によって代替することを意味する。ライドシェアリングの運転者が新たな職業として成立し始めることで雇用の受け皿になりつつある新興国においては、その存在意義を問い直されることになるだろう。

　第三に、「自動運転車によるライドシェアリング」のサービス内容は利用者から見て、「自動運転車を用いたタクシー（ロボットタクシー）」や「自動運転車のカーシェアリング」と似たものになる。そうなると、無人運転車を用いたモビリティーサービスの提供者は、これまで見てきた各国における産業間の力関係、中でもモビリティーサービス事業者間の資本力や影響力、その背後にある各国政府の思惑によって決まる。

　Uber社が車両まで保有する形になれば、既存のタクシー事業者と

真っ向から競合する関係となる。そのため、「各国政府や自動車メーカーがそれを認めるか」という問題がある。結果的に、自動運転車を使ったモビリティーサービスの最終的な業界構造は、国や地域によってかなり異なる形になるだろう。

## ASEANの新たなモビリティーサービス

　ライドシェアリングやカーシェアリングなどの新しいモビリティーサービス普及の流れは先進国にとどまらず、新興国にも波及しつつある。ただし、その普及形態は先進国とは異なる部分が存在する。ここからは、特にモビリティーサービスが独自の発展を遂げつつある東南アジア（ASEAN）地域の例を紹介する。

　ASEAN地域は、近年目覚ましい経済成長が続いているが、人件費などの水準からは新興国地域と考えられる。実際に運転者が自ら運転するカーシェアリングよりも、運転者付のクルマに乗るライドシェアリングがより普及している。

　ASEAN主要6カ国（インドネシア、タイ、フィリピン、シンガポール、ベトナム、マレーシア）におけるライドシェアリング市場は、2015年には25億米ドル規模だったが、2025年には131億米ドル規模まで年率20％近い比率で拡大すると見込まれている（図6-4）。このうち、2015年時点ではシンガポールとインドネシアが最大市場だったが、今後は人口規模の大きいインドネシアやタイ、フィリピン、ベトナムが市場の拡大をけん引する見込みである。

　先進国で見られるような既存のタクシー事業者との競合関係は、ASEANにおいても一部散見される。タクシーの組織化が進んでいるインドネシア（特にジャカルタ）やタイなどでは、一部政府による規制が見られるものの、その他の国ではライドシェアリングサービスの

図6-4　ASEANにおけるライドシェアリング市場規模

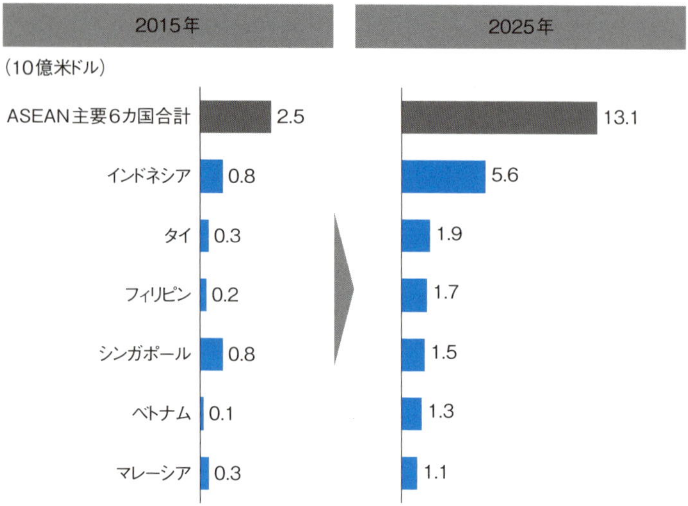

| | 2015年 | 2025年 |
|---|---|---|
| （10億米ドル） | | |
| ASEAN主要6カ国合計 | 2.5 | 13.1 |
| インドネシア | 0.8 | 5.6 |
| タイ | 0.3 | 1.9 |
| フィリピン | 0.2 | 1.7 |
| シンガポール | 0.8 | 1.5 |
| ベトナム | 0.1 | 1.3 |
| マレーシア | 0.3 | 1.1 |

出典：Temasek

普及に対して比較的寛容な方針が取られている。

　このような中でライドシェアリング市場に参入している事業者としては、グローバルプレーヤーとASEAN域内で事業展開しているローカルプレーヤーが併存する構造となっている。前者の代表がUber社であり、後者の代表がシンガポールGrab社やインドネシアGoJek社である。主要6カ国のうちインドネシア以外の5か国では、Uber社とGrab社が二強体制を築いているのに対して、今後最大市場となることが見込まれているインドネシアにおいては、GoJek社が高いシェアを有している。

## 中間層の新たなサービスプラットフォームに

　この背景にあるASEAN、特にインドネシアのライドシェアリング

市場の最大の特徴は、先進国で一般的な四輪車を用いたサービス以上に、二輪車（バイク）を用いたライドシェアリングが普及している点にある。この最大の理由は、ジャカルタのような大都市部における交通渋滞の酷さにある。2025年時点の市場規模のうちインドネシアでは、約7割が二輪車を用いたライドシェアリングになると予測されている。

実際にGoJek社は、二輪車によるライドシェアリングから事業をスタートさせた。今後の事業展開としてGoJek社は、法人顧客開拓やフードデリバリー、宅急便などの物流事業への展開、さらには地方都市へのサービス拡大などを目論んでいる。基本的な方向性としては、Uber社など四輪車ベースのライドシェアリング事業者とほぼ同じ方向性を目指しているといえる。

それでは、実際にこれらのASEANにおけるライドシェアリングサービスの利用者はどのような人なのだろうか（図6-5）。インドネシア（ジャカルタ）を例に見てみると、まず人口全体の1割強を占める富裕層は、運転者付の自家用車での移動が一般的であり、ライドシェアリングサービスを利用することは稀である。

次に人口の約半数弱を占めるアッパーミドル層は、ライドシェアリングサービスの主要な顧客層であり、元はタクシーや自家用バイクを利用していたが、その利便性や安全性などから四輪・二輪のライドシェアリングに移行しつつある。特にタクシー網が未発達の地方都市では、ライドシェアリングの普及余地がより大きい。

これに続くロウワーミドル層は、これまでバイクや公共交通機関の利用が中心であったが、乗り換えが不要となったり、女性でも安心して利用できたりするといった利点から、主にバイクのシェアリング利用へと移行しつつある。特にこれまで危険性を気にしながら自家用のバイクに乗っていた女性層がバイクのシェアリングへと移行するなど、二輪車需要へのインパクトも想定されている。

図6-5　ライドシェアリングサービスへの顧客流入の構造（ジャカルタ）

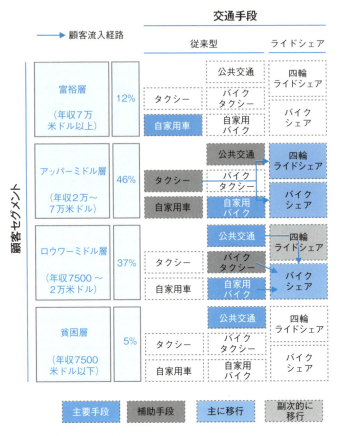

出典：現地インタビューよりADL分析

　最後の貧困層については、ライドシェアリング利用の前提となるスマートフォンの所有が経済的に困難なケースが多く、ライドシェアリングサービスの利用は難しい。

　このように、ASEANにおけるライドシェアリングサービスは、拡大する中間層向けの新たなサービスプラットフォームとして普及していくだろう。

# 第7章

# モビリティーサービスとしての物流市場

第5章と第6章では、クルマを使って「ヒト」を運ぶ運輸サービスを中心に現状を分析してきた。本章では「モノ」を運ぶ物流サービス市場について考察する。特に、自動運転や新たなサービス普及のポテンシャルがどこにあるかを考える。

## 高止まりするトラック輸送の比率

　物流市場のうち陸上輸送の分野では、トラックによる輸送量は各国の経済成長率に相関して推移している。直近の数年間は日本・欧州では横ばい、米国では安定成長、中国では急成長となっている。トラック輸送は鉄道輸送など他の手段を使う場合に比べて一般的には$CO_2$排出量が増えるため、欧州や日本などでは他の輸送手段へのシフト（モーダルシフト）を推進する動きが見られる。

　しかし実際には、モーダルシフトが最も盛んな欧州でさえ、物流市

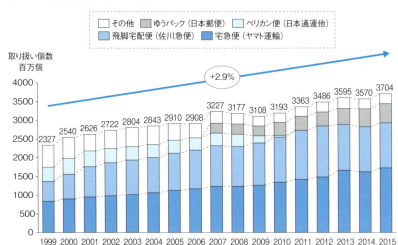

図7-1　宅配便の取り扱い個数（日本）

出典：「宅配便等取扱実績関係資料」（国土交通省）

場全体に占めるトラック輸送の比率はほとんど変わらない傾向にある。そして、「ラストワンマイル」の輸送を担う分野ではトラック輸送の比率は増えている。日本の宅急便の取り扱い個数は年率3%程度のペースで継続的に成長しており、2014年から2015年の1年間で1億個以上増加している（**図7-1**）。他国と比較すると、日本が約2兆円の市場規模であるのに対して、米国は約5兆円、欧州は約6兆円、中国は約4.4兆円と海外市場の方が大きい。

　宅配市場の成長の背景にあるのが、E-Commerce市場の伸びである（**図7-2**）。日本のE-Commerceの市場規模は13兆円を超え、コンビニエンスストア業界の市場規模を上回る規模に拡大している。しかし、小売業全体に占める比率は5%にも満たず、まだ拡大の余地がうかがえる。ネットスーパーなどの台頭により、従来の書籍や衣服、家電に加えて、食品・飲料や雑貨などの日用品に広がりつつあるのが大きい（**図7-3**）。ネットスーパーは中年以上の女性の利用率が高くなっており、重いものを持ちたくないといった理由から利用することも多い。

図7-2　E-Commerceの市場規模（日本）

出典：「電子商取引実態調査」（経済産業省）

図7-3　E-Commerceの商品別市場規模（日本）

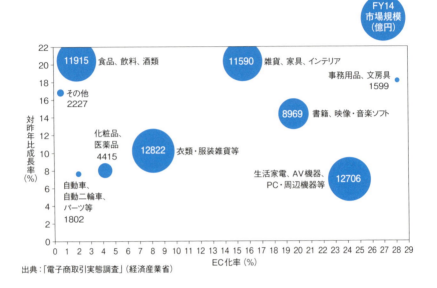

出典：「電子商取引実態調査」（経済産業省）

　こうした状況の中で、特に日本では物流企業における運転者不足が深刻化している。事業者の総コストに占める人件費が5割弱（そのうち運転者は4割弱）を占める労働集約的な職場であり、他の産業より低賃金・長時間勤務となっている。これはバス・タクシーなどの運輸業界と同じ構造である。結果として、運転者の高齢化が進みつつある。

　産業構造の観点で見ると、企業間でのBtoB物流を担う事業者は細分化しているが、宅配や国際物流などサービスネットワークの広さが事業の成功要因となる領域では、寡占化が進んでいる。こうした傾向も各国共通である。

　これらの課題を解決するため、各国で物流向けの様々な取り組みが進んでいる（図7-4）。その一つは、ドローンや自動運転車を用いた配送の無人化サービス。特にAmazon社などが手掛けるドローンをラストワンマイル輸送に活用する手法は、米国や最近は中国を中心に実

## 図7-4 自物流領域における新型モビリティーサービスの事例

| 展開地域 | 業界 | 関係企業 | 提供サービス | サービス分類 | ニーズの分類 |
|---|---|---|---|---|---|
| 日本 | 旅客 | 東京地下鉄、東武鉄道、佐川急便、日本郵便、ヤマト運輸 | 鉄道による物流実証実験 | 既存旅客交通を用いた貨客混載輸送 | 事業者ニーズ 商品輸送の効率化 |
| 日本 | 旅客 | 宮崎交通、ヤマト運輸 | 路線バスによる宅急便輸送 | | 事業者ニーズ 商品輸送の効率化 |
| 日本 | 小売 | Amazon | （ドローン）Prime Air | | 事業者ニーズ 商品輸送の効率化 |
| 日本 | 物流 | ヤマト運輸、DeNA | ロボネコヤマト | | 事業者ニーズ 商品輸送の効率化 |
| 欧州（ドイツ） | 物流 | DHL | （ドローン）Parcelcopter 3.0 | 貨物輸送車両の無人化 | 事業者ニーズ 商品輸送の効率化 |
| 欧州（英国） | ベンチャー | Starship Technologies | 配達ロボット | 貨物輸送車両の無人化 | 社会ニーズ 買物弱者に対するサービス提供 |
| 米国 | 小売 | Amazon | （ドローン）Amazonドローン | | 社会ニーズ 買物弱者に対するサービス提供 |
| 米国 | 小売 | Domino's Pizza | Domino's Robotic Unit | | 社会ニーズ 買物弱者に対するサービス提供 |
| 米国 | 小売 | Staples、Google | Google Express | 小売り事業者向け配送代行サービス | 社会ニーズ 買物弱者に対するサービス提供 |
| 米国 | 小売 | Walmart、Uber、Lyft | ライドシェア車両による配送サービス | ライドシェアプラットフォームを利用した貨客混載輸送 | 社会ニーズ 買物弱者に対するサービス提供 |

出典：各種二次情報に基づきADL作成

用化が検討されている。

　もう一つは、ヒトを運ぶ運輸サービスと物流サービスを融合させる方向である。日本の過疎地で試行されているような既存のバスなどに宅配用の荷物を混載する方法や、海外で広がっているUber Technologies社などのライドシェア事業者がネットスーパーでの注文を各家庭まで届ける方法が登場している。

## 物流サービス発展のシナリオ

こうした現状を踏まえて、物流サービスの発展シナリオを（1）幹線輸送、（2）物流ターミナル（幹線物流と末端輸送をつなぐ物流拠点）、（3）ラストワンマイル——に分けて考えてみる（図7-5）。

（1）の幹線輸送における最大の課題は、大型トラックの運転者不足であり、日本だけでなく欧米でも深刻な問題となりつつある。鉄道による輸送量は増えつつあるが、トラック輸送を代替できるほどの供

**図7-5　各国の物流ネットワークにおける自動運転適用の可能性**

| | | 日本 | 米国 | 欧州 |
|---|---|---|---|---|
| （1）幹線輸送 | | 自動運転① 日本の高速道路は、交通量が多い上に、車線数と幅が狭く車線変更が困難である。トラックの無人運転・連結は困難である | 東西の数千kmをつなぐ幹線輸送の自動化ニーズは高く、無人運転・追従走行の導入が進む | 国を跨ぐ距離の幹線輸送において、トラックの自動運転・追従走行が進む |
| （2）物流ターミナル | | 自動運転② ターミナル内における数時間の荷降ろし待ち行列に対し、無人自動駐車アプリが導入される | トレーラータイプが主流であり、ターミナル内でトレーラー部を切り離すため、自動駐車は不要 | トレーラータイプが主流であり、ターミナル内でトレーラー部を切り離すため、自動駐車は不要 |
| （3）ラストワンマイル | 都市 | 既存運送業者の配送が主流となる | 需要ピーク時に、ライドシェア車両によるカーゴシェアによって、貨客混載輸送が行われる | 既存運送業者の配送が主流となる |
| | 地方 | 無人配送車による荷降ろしが自動化できず、普及は限定的 | 自動運転③ 宅配先の庭先まで無人自動配送後、ドローンにより庭に荷物を届ける | 無人配送車による荷降ろしが自動化できず、普及は限定的 |

既存システムからの変化　〇 変化する　△ 可能性有り　× 変化しない

出典：ADL

給能力はない。短期的には、トラックの大型化などで対応せざるを得ない状況にある。

　そのため、自動運転技術を使った隊列走行や（高速道路の）完全自動運転化などへの期待は高い（ただし隊列走行に関しては、機械連結など他の現実的な方法もある）。また、幹線輸送の自動運転化は、輸送距離が長く道路が広い欧米では、より現実的な解決策として期待されている。

　（2）の物流ターミナルの課題としては、幹線輸送量の増加に伴う特定時間への負荷集中や、物流ターミナル内の荷役業務における人手不足の深刻化などがある。また大型トラックのけん引車と荷台を分離できない形の車両が主流の日本固有の問題として、ターミナル内での待ち時間の発生による運転者の労働（拘束）時間の長時間化がある。

　そこで、ロボティクス技術の活用による物流ターミナル内の荷役業務の負荷軽減や自動化が注目を集めている。また、バレー駐車の応用として物流ターミナル内でのトラックの（低速）自動運転化によるドライバーの拘束時間削減なども、高速道路における自動運転と並び、自動運転技術活用の現実的なユースケースとして想定される。

## ライトワンマイルの対応が課題

　（3）のラストワンマイルの日本における喫緊の課題としては、再配達率の上昇による非効率化の解消が挙げられる。今後は、一戸建て住宅への宅配ボックス設置や配送費の値上げなどにより、現実的な解決策が導入されていくだろう。一方で、ラストワンマイルへの自動運転技術活用が現実的な解決策になるには、かなりの時間がかかるだろう。配送車から顧客の自宅まで荷物を届ける部分の自動化が、都心部などの人口密集地では特に難しいからだ。

一方、グローバルで見るとより本質的ニーズとして、米国や新興国、日本における過疎地域など宅配便ネットワークの密度が低い国・地域において、「ラストワンマイルのネットワークをどのように拡充・構築するか」という課題がある。この点については、Uber社がWalmart社のネットスーパーの配送代行を請け負うなど、ライドシェアサービスが「人貨混載」などの形で物流にまで広がる可能性がある。また、Amazon社やDaimler社などが試験を始めているドローンを活用した配送なども、米国など物流サービスの品質への期待値が低い国・地域においては、実用化される可能性が十分に考えられる。

　また、乗用車などの小型車の方が自動運転技術の適用の技術的難易度が低いことを考慮すると、自動（無人）運転で運転者の人件費が不要になれば、航空業界で「ボーイング787」ような小型機ながら長距離飛行が可能な機体の登場によってゲームチェンジが起こりつつあるように、物流業界でも物流センターを介した「ハブ・アンド・スポーク型」から「ポイント・トゥー・ポイント型」に代わる可能性がある。こうした観点からも、物流事業における自動運転技術の活用がどのようなインパクトを与えるかの考察が必要になる。

# 第8章

# ユーザーから見たモビリティーシステム変革のニーズ

前章までで現在のモビリティーサービス事業の課題や、それを踏まえた各サービスの進化の方向性について考察してきた。本章では自動運転やモビリティーサービスの最終的な受益者であるエンドユーザー（一般消費者）の視点から、自家用車の利用実態と今後の自動運転やモビリティーサービスに対する受容性について各国の特徴を考える。

## 各国の自家用車の利用実態

　自家用車の利用パターンは各国で異なる。特に先進国においては、おおよそ四つのパターンに類型化できる（**図8-1**）。一つ目は、通勤主体で使われるケースである。この場合、特に平日の朝夕など決まった時間に使われており、共働き家庭であれば家庭に1台ではなく、1人に1台が原則となる。また、1回当たりの利用距離は地方部では数

**図8-1　自家用車ユーザーの類型**

| ユーザーセグメント | セグメントA：通勤主体 | セグメントB：日常家事主体 | セグメントC：シニア層 | セグメントD：週末利用主体 |
|---|---|---|---|---|
| 地域 | 地方部（/都市部） | 地方部（/都市部） | 地方部/都市部 | (地方部/) 都市部 |
| 主な使用用途 | 通勤＋レジャー | 買物・送り迎えなど | 買物・通院など | 買い物＋レジャー |
| 使用頻度 | 毎日 | ほぼ毎日 | 週2〜3回 | 週1〜2回 |
| 走行距離 | 1万km/年<br>(20〜30km/日) | 5000km/年<br>(10〜20km/日) | 2500km/年<br>(10〜20km/日) | 5000km/年<br>(10〜20km+<br>50〜100km/週) |
| 年齢層 | 20〜65才<br>(労働年齢) | 20〜65才<br>(労働年齢/非就業者) | 65才〜<br>(高齢者層) | 20〜65才<br>(労働年齢) |
| 性別 | 男女 | 女性 | 男女 | 男女 |
| 想定される今後の変化要因 | ・自動車通勤率<br>・働き方改革<br>（フレックスタイム、テレワークの浸透など） | ・女性の就業率<br>・EC普及率<br>（生鮮食品含む）<br>・失業率 | ・高齢者人口<br>・外出頻度<br>・世帯収入<br>（年金受給額） | ・外出頻度<br>（EC普及）<br>・世帯収入 |

※使用頻度：多←→少（セグメントA→D）

出典：ADL

十kmとなるケースが多い上に、休日には通勤以外で使うことも多く、実質的にはほぼ毎日使うケースが多い。

二つ目は、買い物や家族の送迎など家事主体で使うケースである。日本における典型例としては、地方部で主婦が軽自動車に乗っているような場合であろう。三つ目は二つ目と類似しているが、使用者が高齢者の場合である。日本でいえば、二つ目は女性の就業率が上がる中で減少しつつあり、反対に三つ目は高齢化の進行に伴い増加している。

最後の四つ目は、週末を中心にレジャーや買い物などで使う場合である。主に都市部で平日の通勤に公共交通機関を利用している家庭が該当する。多くの場合、1家に1台という所有形態になっている。

それでは、これらのユーザー比率は各国で、さらに第2章で述べた都市の類型で、どの程度異なるのだろうか。まず各国で共通しているのは、通勤主体の層が最多となっている点である。さらに、通勤主体での利用は人口密度の低い地方部が中心となっている（図8-2）。

図8-2 各国の自家用車ユーザー分布

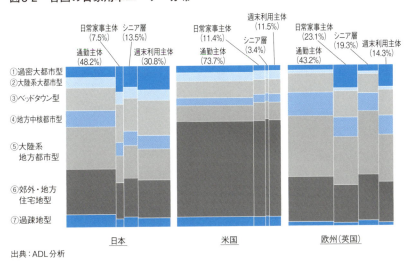

出典：ADL分析

一方、通勤主体の層が占める比率は、日欧と米国でかなり異なっている。日本や欧州（英国）では50％弱であるのに対して、米国では70％割を超えている。通勤の場合、移動時間は1時間に満たないケースが多いが、同じ時間帯に一斉に移動需要が発生するため、基本的には通勤需要分の車両台数は最低限必要となる。

　これに対して非通勤用途の比率を見ると、日本の場合は週末利用主体の層が全体の約30％を占め、この層の半数弱が人口密度の高い大都市部やそのベッドタウン地域でクルマを保有している。これらの地域では公共交通機関が比較的充実しており、カーシェアリングのようなモビリティーサービスに関しても採算が見込める場合が多い。そのため結果として、自家用車からの代替が進みやすい環境にあるといえる。

　欧州の場合には、週末利用の層よりも日常の家事主体やシニア層の比率が大きい。特に、家事主体の層の約1/3が大都市部やベッドタウンでクルマを保有する。一方、米国の場合は非通勤用途の比率が小さい上に、大都市部やベッドタウンにおいて保有されているクルマの比率は低い。そのためサービス事業者の採算性の観点から、公共交通機関やモビリティーサービスによる代替の難易度が高い。

## 自動運転などに対するユーザーの受容性

　次に、自動運転やカーシェアリングのような次世代モビリティーサービスに対するエンドユーザーの受容性を見てみたい。弊社が実施した世界10カ国を対象としたアンケートの結果によると、各国によって受容性が大きく異なることが分かった。

　日本の場合、ステータスとしてのクルマ保有の重要性は欧米諸国とほぼ同水準で、中国・韓国よりは低い。また所有にプレステージ性を感じているのは、むしろ若年層の男性に多い。今後クルマ保有の重要

性が低下するという意見も20%以下である。若者のクルマ離れが課題とされているが、必ずしもそうとは言い切れない。

　実際に、カーシェアリングの普及によって自家用車を手放す意向のあるユーザーは限定的であり、日本では特に地方部ほどその傾向化が強く、数十万人以下の規模の都市では全体の20〜30%に過ぎない（図8-3）。

　年代別に見ると、高齢者のカーシェアリングへの移行ニーズが相対的に高いのが日本の特徴である（図8-4）。一方で、個人間で自家用車を貸し借りするPtoP型のカーシェアリングの利用意向（自分が保有する自家用車をシェアリングサービスで貸し出したいか）に関して日本は最も消極的で、駐車場スペースのシェアリングサービスに対する受容性も同様に低い。新車信仰の根強さから見ても、日本の場合は自らの所有物を一時的であっても他人に貸す（借りる）という形態自

図8-3　カーシェアリングによる自家用車代替の可能性（国別×居住都市別）

| | 居住者数<br>500万人以上 | 居住者数<br>100万〜500万人 | 居住者数<br>25万〜100万人 | 居住者数<br>5万〜25万人 | 居住者数<br>1万〜5万人 |
|---|---|---|---|---|---|
| 中国 | 78% | 82% | 85% | 88% | 40% |
| フランス | 68% | 62% | 53% | 48% | 43% |
| ドイツ | | 60% | 57% | 49% | 44% |
| イタリア | | 68% | 52% | 63% | 57% |
| 日本 | 49% | 44% | 36% | 33% | 20% |
| 韓国 | 49% | 45% | 36% | 65% | 13% |
| スペイン | 54% | 46% | 47% | 45% | 48% |
| スウェーデン | | 57% | 53% | 45% | 38% |
| 英国 | 64% | 53% | 45% | 49% | 45% |
| 米国 | 48% | 46% | 44% | 46% | 36% |
| 平均 | 59% | 56% | 51% | 53% | 38% |

出典：ADL

図8-4　カーシェアリングによる自家用車代替の可能性（国別×年齢別別）

| | 30歳以下 | 30～44歳 | 45～60歳 | 60歳以上 |
|---|---|---|---|---|
| 中国 | 73% | 81% | 84% | 84% |
| フランス | 46% | 47% | 51% | 46% |
| ドイツ | 49% | 50% | 46% | 51% |
| イタリア | 51% | 55% | 70% | 48% |
| 日本 | 30% | 37% | 43% | 48% |
| 韓国 | 40% | 47% | 49% | 40% |
| スペイン | 47% | 51% | 41% | 44% |
| スウェーデン | 54% | 48% | 37% | 32% |
| 英国 | 57% | 49% | 39% | 48% |
| 米国 | 51% | 50% | 30% | 30% |
| 平均 | 50% | 52% | 49% | 47% |

出典：ADL

体が価値観に合わない面が強いといえそうだ。

## 自動運転に肯定的な日本

　自動運転に対しては、日本は中国、韓国など他のアジア諸国に次いで肯定的な意見が相対的に多く、世代間の受容性ギャップもあまり存在しない。また、自動運転車の提供者としては、トヨタ自動車や日産自動車のような既存の（日系）自動車メーカーに対する信頼感・期待が高いのも特徴である（図8-5）。

　同様の視点で他国の傾向を見ると、米国ではカーシェアリング・自動運転ともに、その受容性が二極化している。特に年齢層による受容性のギャップが大きい。若年層の方がカーシェアリング（特にPtoP型シェアリングに関してはその傾向がより顕著である）や自動運転車に対して受容性が高い傾向にある。

図8-5　自動運転車の提供者に対する信頼度（国別×ブランド別）

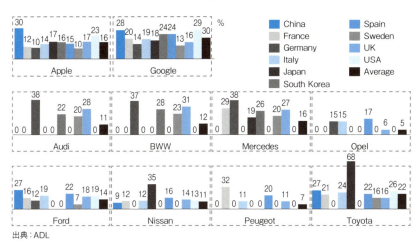

出典：ADL

　一方で、自動車保有に対するプレステージ性を感じるという回答も若年層の方が高くなっており、若年層の中でクルマに対する嗜好性の二極化が進んでいる。また、自動運転車の提供者としてはトヨタと並びGoogle社やApple社のような（米国系）IT系プレーヤーに対する期待が高いのも特徴といえる。

　欧州については、域内の各国の違いを意識する必要がある。例えばステータスとしてのクルマ保有の重要性は、ドイツや英国、イタリアなどでは比較的高いが、フランスやスウェーデンなどでは低い。

　また、クルマの保有にステータスを感じる比率はドイツなど大半の国では男性が高い傾向にあるが、フランスだけは女性の方が高い。実際に、クルマの保有の重要性が下がると考えるユーザーは全体の1/5に満たず、特にドイツと英国で重要性が下がるとの意見が少ない。これは、中規模都市が分散的に存在している地理的な要因によるところも大きいだろう。

　カーシェアリングによる自家用車代替の可能性については、各国と

も人口100万人以上の大都市部においては、半数以上がクルマを手放す可能性があると回答しており、大都市部ではカーシェアリングによる自家用車代替のポテンシャルが大きい（ただし、大都市、およびその人口比率自体は日本などアジア諸国に比較して少ない）。

実際に国別に見ると、欧州の中では比較的大都市部への人口集中が進んでいるイタリアで、その比率が最も高くなっているのは興味深い。PtoP型のカーシェアリングに対して最もオープンなのがイタリアやスペインといった南欧諸国というのもお国柄が表れているといえるだろう。

自動運転に対する受容性では、最も寛容なのはスペインで、英国とフランスは中間、最も否定的なのはドイツとスウェーデンとの結果が出ている（図8-6）。自動運転に関する技術開発面で自国のメーカーが世界的に先行しているこの2国でエンドユーザーの受容性が最も低

図8-6　完全自動運転車に対する受容性（国別）
質問：あなたは完全自動運転車を利用しますか？

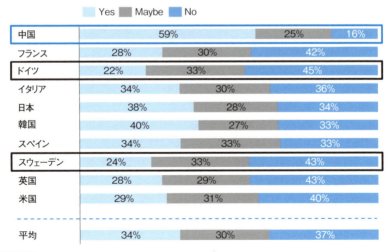

出典：ADL

いというのは、皮肉な結果と言えるが、それだけ厳しいユーザーの目に鍛えられているとも捉えることができよう。

　居住地域で見ると完全自動運転に対しては、相対的に大都市部の居住者から肯定的な意見が多い。部分自動運転に対しては、多くの欧州諸国では地方部の方が肯定的な意見が多くなっている。完全自動運転と部分自動運転では、ニーズのありかが異なるのも欧州の特徴であろう。

## 特徴的な傾向を示す中国

　さらに特徴的な傾向を示しているのが中国である。まずステータスとしてのクルマ保有の重要性は他国に比べて最も高く、中でも女性の比率が高いのが特徴である。一方で、将来的にクルマの保有の重要性が下がると考えるユーザーの比率も中国が最も高いが、反対に今後重要性が上がるとの回答でも最も多い。クルマに対する嗜好性が中国でも明確に二極化する方向にあるといえる。

　実際に、自家用車を手離す意向のあるユーザーは中国では都市居住者を中心に全体の約80％に達しており、他国に比べて圧倒的に高い。世代間でみると、日本と同様に高齢者層でもカーシェアリングに対するニーズが強い一方で、日本とは反対にPtoPシェアリングに対する受容性も高いのが中国の特徴である。現在のところ、日欧で普及しつつあるような運転者が自ら操作する形態のカーシェアリングの普及は中国では限定的だが、都市部のモビリティーサービスとしては、既存のタクシービジネスをDiDiのような配車プラットフォームで効率化するいわゆるライドシェアサービスとしての進化が進んでいる。ここまで含めた利用意向と考えれば、現状にも即した結果といえよう。

　自動運転に対する受容性でも、中国は60％近くが完全自動運転を受容しており、他国と比べて圧倒的に高い。この点は、自家用車の保

有でステータスを示すニーズが強い一方で、運転そのものを楽しむという意味でのモータリゼーション文化が未成熟であるという中国の自動車市場の特殊性が反映されているように見える。

　男性よりも女性の方が自動運転に対する受容性が高いのも中国固有の傾向である。この結果については、社会進出が進む女性がプレステージを誇示する目的で自家用車に乗っているが、実際には交通マナーが悪く、他車からの妨害などで危険を覚える場面が多いためとの見方もできる。

　このように、自動運転技術に対する中国固有の潜在的なニーズも根強いものがありそうだ。また、自動運転の提供者に対する信頼度でも米国と同様に、若年層を中心にIT系プレーヤーに対する信頼感が高い。

# 第9章

# モビリティーシステムの変革を国や自治体が後押し

前章までの数回にわたり、モビリティーサービス事業者の現状とエンドユーザーの受容性について考察してきた。今回は民間事業者の動きや個人のニーズを踏まえて、世界各国の政府や自治体が、自動運転や次世代モビリティーサービスの導入に対してどのような姿勢を取っているのかを見ていく。

## 政府から見た導入の目的は三つ

自動運転やモビリティーサービスなどに対する政府から見た導入の

図9-1　自動運転とモビリティーサービス普及に向けた各国政府の方針

| | | 政府の注力方針 | |
|---|---|---|---|
| | | 日本 | 米国 |
| ADAS/自動運転 | | トラック隊列走行や駐車場、過疎地専用レーンなど、限定空間における商用車からの導入を計画 | 年間400億円をかけたプロジェクトを計画中で、法整備やロードマップ制作も急速に進展中 |
| 交通規制（専用車線整備、乗入規制レーン） | | バス優先レーンや可変レーン、歩行者/自転車レーンなどはあるが、専用レーンの導入は限定的 | HOV/HOTレーンやバス専用レーン（バス無料レーン）などを積極的に導入。また、都市部では自転車専用レーンも積極的に増やしている |
| シェアリング | カーシェア | 車庫証明の義務化により駐車場が十分設けられており、政府のメリットが相対的に多くなく、乗り捨てに関する規制緩和にとどまる | 交通弱者対策や都市部における駐車場不足の緩和などを目的に、資金的支援や駐車場の優遇措置を行う |
| | ライドシェア | 他国ほど交通渋滞が深刻ではなく、個人タクシーの営業ハードルが高いため、タクシーが少ない過疎地などに限定 | 交通渋滞低減や交通弱者対策などのために、多くの地域で許可されている |
| 移動困難者対策 | | 移動困難者対策としてコンパクトシティが挙げられており、重要視されている | Smart City Challengeの中で重要なテーマの一つとなっているが、基本方針として政府は最低ラインのみを提供する姿勢 |
| 都市交通インフラ整備 | | 移動困難者対策としてコンパクトシティが挙げられており、面的な交通網の整備再編が計画されている | 新たな交通インフラ網の新設よりも、BRTやライドシェアなどによるインフラ補完が主体 |

■ 積極的に推進　　■ 規制緩和程度（他国ほど注力していない）　　あまり取り組んでいない
出典：各国の公開情報を基にADL作成

目的（論点）としては、大きく「産業・地域の振興」、「社会的課題の解決」、「既存の社会秩序の維持」の三つに分けられる。

　一つ目の産業・地域の振興では、自動運転技術を開発する自国の自動車メーカーのグローバルな競争力を高めたり、新しいモビリティーサービスの導入によって都市としての魅力・競争力を高めたりするといった「攻め」の側面が強い。二つ目の社会的課題の解決では、交通事故の減少や渋滞緩和、高齢者や低所得者など移動困難者の支援などの「積極的な守り」の側面が強い。これら二つの目的は、新たな技術やサービスの導入を促進する方向にある。

| | 欧州 | 中国 |
|---|---|---|
| | 年間約1000億円で研究開発が進む。トラックの隊列走行に関する研究が先行 | 環境改善のために、3〜5年以内に幹線道路での実用化を計画中 |
| | BRT専用レーンや自転車専用レーン、大型車課金などが導入。（その他、交通量調整のためのナンバー偶奇規制実施例もあり） | バス/BRT専用レーンが一部の都市で導入され始めている |
| | 路上駐車車両の低減を目的に、路上駐車型のカーシェアを自治体等が導入を進める | 市場は限定的 |
| | 個人タクシーの営業ハードルが高く、短距離走行での利益獲得が認められている地域は少ない | タクシーでも相乗りが行われており、渋滞低減効果は高くなく、16年8月に許可したが積極的ではない（さらに高い輸送効率を導入する計画か |
| | 低床トラムなどの公共交通機関と徒歩で暮らせる街づくりが既に進展しており移動困難者にフォーカスしたものは少ない | 急速な高齢化に伴い、高齢者フレンドリーな街づくりなどの事例もあるが、バス無料などに限られている |
| | 新たな交通インフラというより、マルチモーダルのシームレス化などが計画されている | 鉄道やBRTなどの大規模輸送インフラを主に計画している |

一方、三つ目の既存の社会秩序の維持では、現状の交通秩序や社会的な安定状態をいかに維持するかという「守り」の方向である。特に、一定の安全・安心が実現されている場合にはこの力が強く働く。別の見方をすると、政府内での所轄官庁の違いに左右されるともいえる。

　日本の場合、産業・地域振興の役割は経済産業省、社会的課題解決の役割は国土交通省、現状の社会秩序維持の役割は警察庁などが中心になって担っている。これらの所轄官庁のパワーバランスにより、政策全体が左右される面がある。治安や交通秩序の面では日本は、他国と比べて相対的に安全・安心な社会環境が実現されている。新たなサービスや技術の導入によって、その安定状態を遷移させるというインセンティブが働きにくい。

　これらを念頭に置いて、各国の関連政策を見てみよう（図9-1）。まず、ADAS（先進運転支援システム）や自動運転に関しては、各国とも主に産業振興の観点から研究開発の助成や規制緩和、法改正などを進めている。このうち研究開発助成の観点では、欧州では年間1000億円規模、米国では年間400億円規模の公的資金が投入されている。これに対して日本は第3章で見たように、自動車産業に比較的投資余力が残っていること、自動車メーカー各社が技術的な実現の可能性を踏まえて慎重な開発姿勢を取っていることがあり、比較的限定した支援内容にとどまっている。

## 産業振興の観点で進む自動運転への政策支援

　一方、社会的な課題解決の側面から見ると、自動ブレーキなど一部のADAS機能は交通事故の減少に直接的な貢献があるため、実質的な搭載の義務化が進みつつある。しかし、渋滞解消の効果があるといわれるACC（アダプティブ・クルーズ・コントロール：先行車追従

などを含めた購入時の補助については、渋滞解消効果の不明確さや誤作動リスクの存在などから実現の可能性は低いといわれる。

　それでは、自動運転の場合はどうだろうか。自動運転を実現する目的が、交通死亡事故の削減よりもユーザー（運転者）の快適性や利便性の向上（によるクルマという商品の魅力向上）にあるとすると、政府の立場からは産業振興以上の積極的な政策支援の目的を見いだすのが難しいといえる。

　その場合、自動運転の実現に向けて最も現実的・実質的な公的支援になり得るのは、実現の技術的難易度を下げることにつながる専用レーンの設定や、特定区域内への通常の車両の乗入規制である。この観点から、各国の既存の取り組みを整理した（図9-2）。

　自動運転技術が開発途上にある現状では、自動運転車向けの専用レーンや乗入規制を導入している国・都市は存在しない。既存のバス・トラックレーンや、特に相乗り型のライドシェアサービスの普及を促進する「HOV/HOTレーン」、あるいは低速の自動運転車（LSV）向けへの転用が考えられる自転車レーンなど特定の車両に対する専用レーンの設置に関しては、日本は他国に比べて極めて限定的な導入にとどまっている。

　その理由は日本の場合、幹線道路であっても車線数が他国に比べて少ないといった都市密度の高さによる地理的な制約が大きいと考えられる。これは、完全自動運転の実現（特に導入初期の限定的な導入段階）に向けてハンディを負っているともいえる。

　シンガポールなどでは、交通ラッシュ時に都市部への乗り入れに割増料金を設定する「ロードプライシング」が導入されている。また欧州や中国を中心に、大気汚染防止のための（内燃機関車の）都市部乗入規制の導入が広がりつつある。これらの規制について日本では、既存ユーザーの利便性を優先する観点から消極的である。この点も、今

**図9-2　各国における専用レーン/乗入規制**

| | | 専用レーン/乗入規制に関する取組状況 | | | |
|---|---|---|---|---|---|
| | | 日本 | アメリカ | ドイツ | フランス |
| 流入量制限 | | 首都高横羽線の割引などにとどまる。計画している地域も、進展があるのは京都市や鎌倉市など限定的 | サンフランシスコなど一部ではエリアプライシング化が進んでいるが、HOV/HOTが主流 | 道路修繕費回収を目的とした、トラックへの距離課金に限定 | 時間帯やルート別のロードプライシングや、ナンバー規制など様々なタイプが導入されている |
| HOV/HOTレーン | | 導入事例なし | サンフランシスコやロサンゼルス、シカゴなどで広く導入されている | HEVなども乗入可能なecoレーンが計画されている（ただし未実施） | 導入事例なし |
| バスレーン | | 路線バスの専用レーンと優先レーンは1000km強整備され、監視カメラによる順守を推進中 | ペイントなどのレーン指定ではなく、分離した専用路を設ける場合が多く、30以上の路線が運行 | 1960年頃にトラム廃止レーンにバスの乗入れを行い、専用路として発展。今は延伸されていない | トラムより安価なBRTの導入を進める地域があり、専用路でのCIVISも運用されている |
| トラックレーン | | トラックへの走行レーン制限は高速道路などで存在するが、隊列走行でも専用レーンではない | トラックへの走行レーン制限のみならず、トラック専用レーンがCAで検討されている | 高速道路などを中心にトラック専用レーンが存在（トラック距離課金も導入） | トラックへの走行レーン制限や料金所は存在するが、隊列走行でも専用レーンはない |
| 自転車レーン | | 約1000km存在するが、歩行者や自動車道と分離されているとは限らない | 800km存在し、2000km弱まで延長予定。車道エリア内が基本だが、分離型も一部あり | 既に自転車専用レーンが7万kmあり、さらに自転車専用高速道路を建築中 | 既にパリ市内でも700kmの完全分離型のレーンが整備され、20年までにも大きく拡大予定 |

■ 普及済み　■ 計画中/緩やかに進展中　■ 進展していない
出典：各国の公開情報を基にADL作成

後のモビリティーシステムの変革で後手に回りかねないリスクを含んでいる。

## シェアリングサービスに対する姿勢

　一方、カーシェアリングやライドシェアリングなどのモビリティーサービスに対する姿勢はどうだろうか。日本においてカーシェアリングの普及が加速している背景として、違法駐車の取り締まり強化によるコインパーキング市場の拡大があったことは第5章で述べた。

|  | イギリス | 中国 | ASEAN | インド |
|---|---|---|---|---|
|  | ロンドンのバッキンガム宮殿周辺への課金など、エリアプライシングを設けている | 自動車購入台数への制限のほか、ロンドンと同様のエリアプライシングが計画されている | シンガポールのロードプライシングの他、インドネシアで同様の仕組みを計画中。ナンバー規制もあり | ロードプライシングの導入が検討されている模様だが、明確な計画にはなっていない |
|  | レーンとしての規制ではなく、上記流入量制限のように、エリア制限として行っている | HOVレーンが一部都市で導入されており、有効性が確認された | 導入事例なし | 導入事例なし |
|  | ロンドンのみで300km以上の路線バス専用レーンがあり、監視カメラの設置で順守している | 第12次5か年計画でBRTによる交通網整備が宣言されており、専用レーンの設置が進む | インドネシアを中心に導入されており、今後の導入計画もインドネシアが中心 | DelhiやPune、Chennaiなどの都市部で導入が進んでおり、今後も導入予定 |
|  | トラックへの走行レーン制限は高速道路などで存在するが、専用レーンではない | トラック専用レーンなし | クリスマスなどの特定時期に専用レーンを設けるケースはあるが、常設されている例はない | トラック専用レーンなし |
|  | ロンドンを中心に、歩行者や自動車と完全に分離したレーンを急速に構築中 | 北京などの大都市では、専用レーンの整備が進んでいるが、他地域では分離されていない場合が多い | タイでは3000kmの専用レーンが、シンガポールでは700kmが計画中（他国ではあまりなし） | Puneでは80km、Bangaloreでは40kmしかなく、分離も進んでいない |

　カーシェアリングの利便性を向上させるための「フリーフローティング型」や「オンデマンド型」への移行に向けては、日本は他国に比べて路上駐車の取り締まりが厳しいため不利に働く可能性が高い。タクシー業界と競合関係にあるライドシェアリングに関しても、日本が最も規制が厳しい。ただし欧州各国も、タクシー免許の取得に一定以上のハードルがあるなど、相対的にタクシー市場が発達している国・地域ほど規制は厳しくなっている。

　ライドシェアリングに対するもう一つの観点として、移動困難者への対策がある。その取り組みは日本が最も進んでいる。日本の場合、

図9-3 富山市における自家用車保有台数（LRT導入との関係）

出典：富山市の資料を基にADL作成

図9-4 各国における都市政策

| | 日本 | 米国 | |
|---|---|---|---|
| 都市政策の方向性 | 地域公共交通ネットワークが最適化されたコンパクトシティ | 各都市が抱える課題に対して包括的な対応を行っていく、スマートグロース | |
| 背景課題 | 過疎化や高齢化に伴う1人当たりの行政コストの増加 | 社会的弱者の交通手段確保やスプロール化の抑制など | |
| 上記実現のための具体施策 | ・立地適正化計画制度<br>（住宅地や商業施設の区域誘導、都市内交通網の整備を用意にする）<br>・地域交通網形成計画制度<br>（面的交通網の再編を容易にする） | ・連邦政府の取組：Smart City Challenge<br>（都市ビジョンやアイディアのコンテスト）<br>・地方政府のマスタープランとゾーニング規制 | |
| 担当組織 | 国土交通省 | ・DOT<br>・各州政府 | |
| 対象となる都市の規模感 | 都市圏として30万人<br>（単一都市としては10万人） | 30万～80万人 | |
| 取り組みが進む都市例 | ・富山県富山市<br>・香川県高松市　など | ・オハイオ州コロンバス<br>・カリフォルニア州サンフランシスコ　など | |
| 想定される次世代交通システム例 | LRT／デマンドバス／乗合タクシー<br>＋自転車等パーソナルモビリティー | BRT<br>＋ライドシェア（相乗り） | |

出典：各国の公開情報を基にADL作成

他の公共サービス提供の効率性を含めた議論として、人口30万人規模の地方都市圏において周辺部まで広がっている居住地域を都市の中心部に集約し、サービス提供の効率を上げる「コンパクトシティ構想」が政府主導で進んでいる。この政策には都市インフラ整備という観点からの公共（建設）工事の需要確保の側面もあり、2020年の東京オリンピック・パラリンピック以降の新たなインフラ投資のけん引役になる可能性が高い。

　一定以上の密度で人口集中を実現できればその交通手段としては、より輸送能力の高い公共交通機関の整備が採用される可能性がある。実際に、日本におけるコンパクトシティの先駆例として挙げられる富山市では、LRTの導入により高齢者や未成年などの交通弱者の移動

| 欧州 | 中国 |
|---|---|
| 自然環境・農地・歴史・経済性を保持しつつ発展する、サステナブル・シティ | Transit Orientedな都市の構築 |
| 高齢化（特に英国）や雇用対策（特にフランス・英国など）など | 大都市への人口集中による交通渋滞と、それに伴う大気汚染の悪化 |
| ・URBACT III<br>（Cohesion Policyのプログラムの一つで、持続可能な都市の形成のためにモデル都市への補助金を出資）<br>・ESPON 2014-2020<br>（同様にCohesion Policyの一つで、効果的空間利用のために補助金を出資） | ・Transit Metropolis Program<br>（Transit Orientedな都市を作ることを目指し、他都市へのデモンストレーション効果がある都市をパイロットシティとして選出して、都市計画の策定などを行う） |
| ・EC傘下のDGRUP<br>（Directorate General for Regional and Urban Policy） | 交通運輸部 |
| 数10万〜100万人超 | 100万人超 |
| ・仏ストラスブール<br>・独シュテンダール　　など | ・北京市<br>・深セン市　　など |
| 鉄道／LRT／バス<br>＋カーシェア<br>＋自転車などパーソナルモビリティーシェア | 鉄道／BRT<br>＋ライドシェア（相乗り）<br>＋自転車などパーソナルモビリティーシェア |

需要に対応している。

このような都市交通モードの刷新が進む都市に共通するのは、都市鉄道・バス・タクシーなどの公共交通を一手に担う民間の交通事業者（多くは私鉄事業者）が存在していることである。富山市の場合も、富山地方鉄道がLRTの導入・運用において大きな役割を果たしている。一方、富山市においてLRT導入後も自家用車の台数は減っておらず、公共交通（モビリティーサービス）と自家用車は共存する可能性が高い（図9-3）。

日本以外の国でも、数十万人規模（中国では数百万人規模）の中規模都市の再構築が大きな社会的課題になりつつある（図9-4）。米国では2015年から、連邦政府（運輸省）主導で「Smart City Challenge」というコンテスト方式で次世代交通システムを含めた新たな都市計画を進める動きがある。また米国の場合は、交通弱者対策が高齢者だけでなく、経済的な理由から自家用車の保有が難しい貧困層も対象になっていることが特徴の一つであろう。

これに対して欧州では、現状の都市圏が過去からの城塞都市として発展してきたという歴史的背景がある。その中で既存の公共交通網の整備が進んでいることなどから、新たな公共交通インフラやモビリティーサービスの導入よりも、既存の複数の公共交通機関をつなぐ「マルチモーダル型」のサービスを拡張する取り組みが多くなっている。

## モビリティーシステムの進化例：
## マルチモーダル型サービス

ここからは、特に欧州を中心にモビリティーシステムの進化形として普及が進みつつある「マルチモーダル型サービス（MaaS：Mobility as a Service）」について考察する。

マルチモーダル型サービスとは、鉄道やバス、航空便などの公共交

通機関に加え、レンタカーやレンタサイクル、もしくは最近ではカーシェアやライドシェアなどのシェアリング系サービスも含めて、複数の交通手段（モード）をユーザー視点で出発地点（現在地）から目的地までの最適な経路探索や駅などの経路上の情報提供をするサービスを示す。日本における代表例は、ナビタイムや「Google map」上での経路探索機能になろう。欧米では経路比較にとどまらず、経路上の各交通手段の予約や決済までを一度に実行できるプラットフォーム型サービスが、MaaSとして普及しつつある（図9-5）。

## MaaSの導入で先行する欧州

特に欧州においてMaaSサービスが普及している背景には、これまでに触れたように既存の公共交通機関が都市部を中心に既に整備されていることに加えて、各自治体の交通局が都市内の公共交通機関を運営していることが挙げられる。

例えば、欧州における代表的なMaaSサービスの例であるウィーンにおいて提供されている「SMILE（Smart Mobility Info and Ticketing System Leading the Way for Effective E-Mobility Service）」プロジェクトにおいては2014年に行政が中心となり、電車やバス、レンタカー、レンタサイクル、カーシェア、自家用車、自転車、徒歩など幅広い交通モードを取りまとめた経路比較から予約・決裁までを単一のサービスプラットフォームで実現することを目指し、関連企業を幅広く巻き込んだ形でサービス開発を行っている（図9-6）。最終的にウィーン市交通局が、スマホ向けアプリを開発してサービス展開を進めている。

結果として、ウィーンでは公共交通の利用者割合が29%から39%まで増加する一方で、自家用車の利用は40%から27%まで減少するなど大幅なモーダルシフトに成功している。一方で、各交通機関が民営化されていることが多い日本の場合には、特に予約や決済機能は各交通

図9-5　MaaSの導入事例

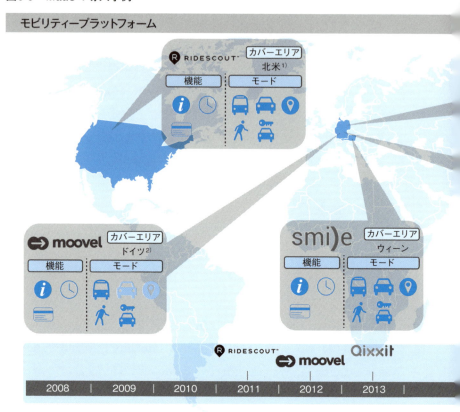

機関が自社サービスとして囲い込むことが多い。経路探索では優れたサービスが多いものの、MaaSと呼べるレベルまで統合化されているものはほとんど存在しないのが実情である。

## 鉄道会社主導のサービス

　欧州におけるもう一つの大きなトレンドとしては、鉄道会社によるマルチモーダルサービス実現に向けた動きが挙げられる。この分野で特に先行しているのがドイツ最大の鉄道事業者であるDeutsche Bahn

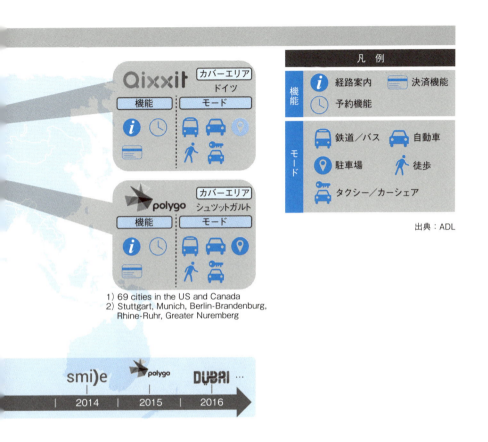

1) 69 cities in the US and Canada
2) Stuttgart, Munich, Berlin-Brandenburg, Rhine-Ruhr, Greater Nuremberg

（DB）である。

　DBは自社を鉄道オペレーション企業ではなく、"Mobility Manager"と定義するビジョンを掲げ、駅間の移動手段の提供からDoor-to-Doorでの統合された交通サービスの提供へとそのサービス領域を広げようとしている（図9-7）。そのために、鉄道サービス以外にもカーシェアやレンタカー、レンタサイクルの運営、駅で航空券やタクシーの予約・チェックインができるサービスなど幅広い交通関連サービスを手掛けている。

　さらに、このようなマルチモーダルサービスの展開を加速するため

図9-6　MaaSの導入事例：ウィーンのSMILE*プロジェクト

| ビジョン |
| --- |

- 幅広い交通モードを取りまとめ、経路比較から予約・決済までを単一プラットフォームで行うサービスを実現する
- 電車・バスなどの公共交通のほか、レンタカーやレンタサイクル、カーシェアなどのサービスや、自転車や自家用車、徒歩などの手段を横並びで比較可能に

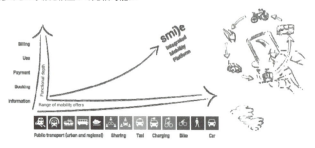

| 実証内容 |
| --- |

- 2014年、行政が中心となり、関連企業を幅広く巻き込みながら、1000人のパイロットユーザーを交えた実証実験を実施

出典：ADL
*SMILE：Smart Mobility Info and Ticketing System Leading the Way for Effective E-Mobility Service

に、DBはドイツ政府とも連携してBeMobilityという異業種連携のためのコンソーシアムのリーダーとして運営を担っている（**図9-8**）。このコンソーシアムでは、特に自動車、公共交通機関、エネルギーの3領域において、オープンイノベーションにより新たなモビリティーサー

### 図9-7　先進取り組み例：Deutsche BahnのVision2020

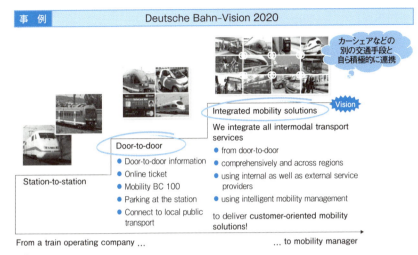

出典：Deutsche Bahn

ビスを生み出すための検討・実証を進めている。

　このような動きは、JR東日本が2017年9月にモビリティー変革のためのコンソーシアムを立ち上げるなど、日本においても徐々に広がりを見せ始めている。マルチモーダル化による交通サービスの利便性向上は、今後の大きなトレンドとなるだろう。

## 世界主要都市における交通システムの実力

　公共交通を中心としたマルチモーダル型交通システムを都市交通システムの理想形として見たときに、世界の各都市はどのようなレベルにあるのだろうか。この観点からADLでは、公共交通事業者の国際機関であるUITP（Union Internationale des Transports Publics）と共同で、"The Future of Urban Mobility study"を実施し、世界の主要都市の交通システムのレベルを定期的に評価している。このスタディーで

図9-8　先進取り組み例：Deutsche Bahnの「BeMobilityコンソーシアム」の立ち上げ

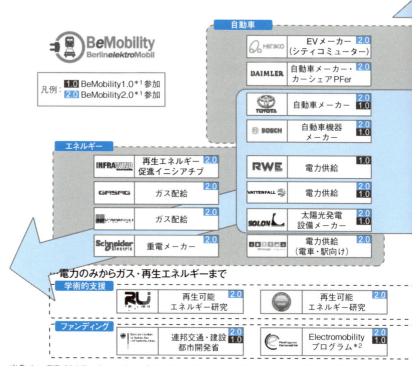

出典：InnoZ "BeMobility: Integration of electric vehicles into public transport and the electric grid"（2014/3）、BeMobilityWebsite

は、世界の84都市の都市交通システムを「成熟度（11項目）」と「機能性（8項目）」から総合的に評価を行っている（図9-9）。

　その評価によると、地域別では公共交通の整備とマルチモーダル化で先行する欧州の各都市が現時点で最も成熟しており、機能性の観点でも優位性を持っている（図9-10）。一方で、先進国の中でも乗用車中心の交通システムとなっている北米の各都市は全体的に低評価となった。

　これに対して、中南米やアジア太平洋地域の都市が比較的高評価と

第9章 モビリティーシステムの変革を国や自治体が後押し

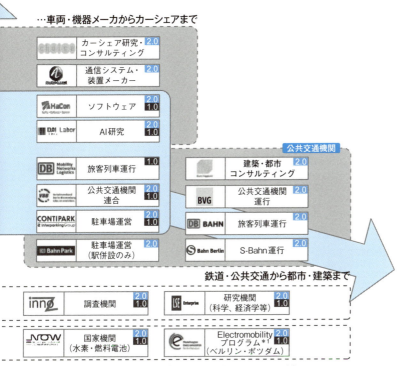

*1：BeMobility取り組みのフェーズ（1.0：2009-11年、2.0：2012-13年）
*2：連邦交通・建設・都市開発省所管のプログラム

なっているのは、これらの国の多くがかつて欧州諸国の植民地であり、都市交通システムの設計にも欧州の思想やシステムの影響を強く受けていることが考えられる。都市別にみると香港が最上位であり、これにストックホルム、アムステルダム、コペンハーゲン、ウィーンが続く（図9-11）。

評価が上位になった都市の交通システムに共通する特徴としては、交通量における公共交通や徒歩、自転車の利用率が大きく、かつ各交

### 図9-9 The Future of Urban Mobility study 評価指標（Urban Mobility Index）

交通システムの実力値を発展状況とその結果としての交通システムの性能の視点から評価。

| 成熟度［最大58ポイント］ | |
|---|---|
| 項　目 | 得　点 |
| 1. 公共交通の価格的魅力度<br>Financial attractiveness of PT | 4 |
| 2. 公共交通を利用する割合（対全交通量）<br>Share of PT in modal split | 6 |
| 3. 自転車や徒歩を利用する割合（対全交通量）<br>Share of zero-emission modes | 6 |
| 4. 道路の充実度（対地域面積）<br>Roads density | 4 |
| 5. 自転車専用道路の割合（対地域面積）<br>Cycle path network density | 6 |
| 6. 都市集積度（対地域面積）<br>Urban agglomeration density | 2 |
| 7. ICカードの浸透度（対人口）<br>Smart card penetration | 6 |
| 8. 自転車のシェアリングの浸透度（対人口）<br>Bike sharing performance | 6 |
| 9. 自動車のシェアリングの浸透度（対人口）<br>Car sharing performance | 6 |
| 10. 公共交通機関の運転頻度<br>PT frequency | 6 |
| 11. 公共部門の積極性<br>Initiatives of public sector | 6 |

| 機能性［最大42ポイント］ | |
|---|---|
| 項　目 | 得　点 |
| 1. 運輸部門の$CO_2$排出量（対全$CO_2$排出量）<br>Transport related $CO_2$ emissions | 4 |
| 2. $NO_2$排出量<br>$NO_2$ concentration | 4 |
| 3. $PM_{10}$排出量<br>$PM_{10}$ concentration | 4 |
| 4. 交通事故数<br>Traffic related fatalities | 6 |
| 5. 公共交通を利用する割合の増加率<br>Increase of share PT in modal split | 6 |
| 6. 自転車や徒歩を利用する割合の増加率<br>Increase of share of zero-emission modes | 6 |
| 7. 自宅から仕事場までの時間<br>Mean travel time to work | 6 |
| 8. 乗用車両の割合（対人口）<br>Density of vehicles registered | 6 |

出典：ADL "The Future of Urban Mobility study 2.0"

図9-10 The Future of Urban Mobility study 地域別ランキング

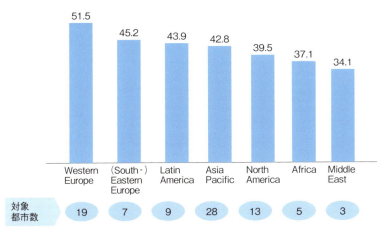

出典：ADL "The Future of Urban Mobility study 2.0"

図9-11 The Future of Urban Mobility study 都市別ランキング

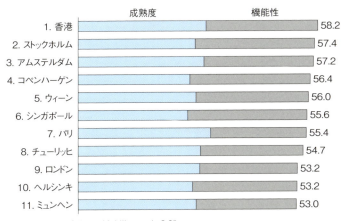

出典：ADL "The Future of Urban Mobility study 2.0"

通機関のネットワーク化が進んでいる点である。一方で、全体の評点としては上位になった都市であっても満点からは遠い水準にあり、統合的なマルチモーダル交通の実現には課題が多く残っている。

第10章

# 自動運転車開発の「押さえどころ」を考える

これまで次世代モビリティーサービスの普及や、同サービスにおける自動運転技術の活用に関して旅客分野や物流分野の他、自家用車に着目して考察してきた。本章では、自動運転を実現するための技術開発の「押さえどころ」を考える。

　自動運転に必要な技術は、既に自家用車で実用化されている先進運転支援システム（ADAS）の延長線上に存在しており、現在のADASに向けた取り組みが、自動運転の実用化の足がかりとなる。

　一方で今後、巨大市場になり得る自動運転を実用化するには、その技術や経済性を正しく理解した上での事業化シナリオの検討が求められる。まず自動運転技術を、（1）自動運転アルゴリズムなどのソフトウエア開発、（2）センサーやECU（電子制御ユニット）などのデバイス技術、（3）事故発生など有事の際の責任問題――という観点で整理してみよう。

## ソフトウエアに付加価値が移行する

　一つ目のソフトウエア開発に関しては、現在のADASにおいて1000万行といわれるソフトウエアの行数は、自動運転になると1億行にまで増加すると予想される。自動車販売台数（非自動運転車を含む、以下同じ）が年間1000万台の完成車メーカー（OEM）の2030年時点の自動運転機能の原価構造を分析すると、オプション価格は35万円になると予測される。このうち2割弱が、ソフトウエアの開発費である（図10-1）。また、自動運転車のソフトウエア開発費は、総額で500億円以上になると試算できる。この開発費が車両の販売価格に配賦されることで、車両価格に占める割合はハードウエア開発費よりソフトウエア開発費が多くなる。

　これに対して、自動車販売台数が年間100万台のOEMでは、ソフ

## 図10-1 2030年の自動運転車オプション費用の内訳（SAEのレベル3以上）

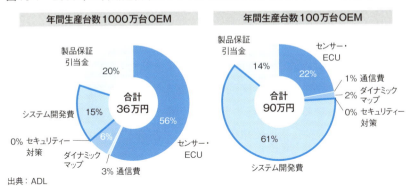

出典：ADL

トウェア開発費だけで原価の6割になると試算され、オプションで販売できる価格ではなくなると考える。このように自動運転車の開発に必要な莫大なR&D投資が、結果として車両価格に反映される。自動運転車の採算ラインを考えると、年間販売台数が500万台以上のOEMでないと、投資の回収が困難になると試算される。例えば日本ではトヨタ自動車グループ、Renault・日産自動車・三菱自動車グループは自社開発で採算が合うが、500万台前後のホンダは自社開発が難しくなるかもしれない。

一方、ドイツのBosch社やContinental社などのサプライヤーや、米Google社を傘下に持つ米Alphabet社の子会社である米Waymo社や、米Apple社などのIT企業も自動運転車の開発を進めている。

これらの企業は自動運転の技術を複数のOEMに販売できるため、自社開発で採算が合う可能性がある。ホンダが2016年にWaymo社との提携を発表したのは技術面での意味合いが強いが、自動運転車の事業を採算ラインに乗せるために必要な提携になるかもしれない。

## ADASの延長線上にある自動運転デバイス

次に、二つ目のデバイス技術について考えてみたい。自動運転を実現するには、車両周囲の交通環境を計測するセンサーや自車のセンサーだけでは計測できない交通環境情報の取得、ソフトウエアのアップデートに用いる通信機器、自車の行動を計画する演算処理デバイス、計画した行動に沿って車両制御を行う制御デバイスなどが必要となる（図10-2）。このうち車載通信機器や制御デバイスは現在のADAS車にも搭載が進んでいるため、ここではセンサー技術と演算処理デバイスについて考察する。

自動運転に用いるセンサーにはADASと比較して、高精度かつ全周囲を計測し認識する性能が求められる（図10-3）。例えばADASの一つである緊急自動ブレーキ（AEB）では、車両の減速加速度を0.8Gとすると、時速60km/hで走行する場合では、前方20m程度の

図10-2　自動運転に必要な情報と処理フロー

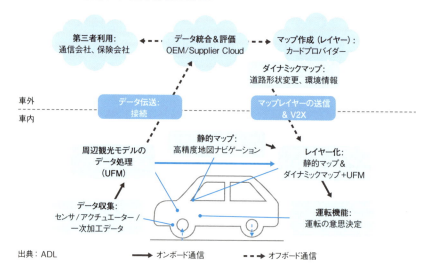

出典：ADL

障害物を認識する必要がある。

これに対して、自動運転における通常の運転状態で0.3G程度のより緩やかな減速状態を考えると、前方50m程度の認識距離が必要になり、既存のADASより遠い距離まで認識できる高精度なセンサーが求められる。さらに高速道路での自動運転を想定すると、前方150m近くまで認識する必要がある。このように自動運転で必要とされる遠方の認識を実現するには、センサーの機能向上が求められる。

一方、ADASで用いられているカメラは、解像度が100万画素から200万画素に達しようとしており、最近は800万画素のカメラも提案され始めた。その背景には、ACC（先行車追従）の実用化が進んでいることがある。ACCに求められる認識距離はAEBよりも長くなるためである。このようにADASの進化は、自動運転に求められるセンサー性能との差を埋める方向に働いている。

## 演算処理デバイスの高性能化が進む

こうした高精度化するセンサーから得られる大容量のデータをリア

図10-3　自動運転車の認識範囲

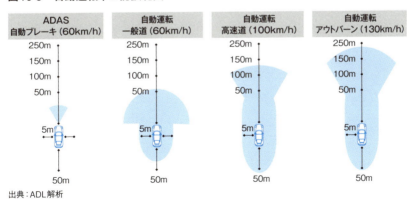

出典：ADL解析

ルタイムに処理するために、演算処理デバイスも高性能化している。例えばカメラを用いた画像認識では、道路の白線のような幾何学的構造が決まっている対象に対しては「Hough変換」という比較的計算量が少ないアルゴリズムが用いられ、CPUによるシリアル処理が行われてきた。

　一方、車両や歩行者などのように同時的に多数が存在し、かつ複雑形状を持つ認識対象に対しては、ディープラーニング（深層学習）による認識が用いられるようになってきた。ディープラーニングを用いた画像認識は膨大な量の繰り返し計算を必要とするため、CPUによるシリアル処理ではリアルタイム処理が困難である。そのため、繰り返し計算を得意とする並列計算技術が求められている。

　並列計算のために、これまで画像レンダリングに使われてきたGPUが利用されている。そのGPUで脚光を浴びているのが、これまでPCなどで用いられるGPUを製造してきた米NVIDIA社である。同社はトヨタやドイツのDaimler社、Audi社、米Tesla社など自動運転車の開発を進める主要なOEMと連携を強化しており、自動運転の演算処理デバイスにおいて存在感を増している。

　ただしGPUの対抗馬として、FPGAやディープラーニング専用処理チップの存在も忘れてはならない。Google社や富士通は省電力で高速処理が可能なディープラーニング専用処理チップの開発を進めており、GPUとの差別化を図っている。

　このような高度な演算処理の利用は、自動運転車から使われるわけではない。先に述べたAEBは、市街地において歩行者や自転車に対しても衝突が予測されたときに緊急ブレーキを動作することを想定している。先に紹介したセンサーと同様に、ADASで用いられる演算処理デバイスの成長は、ADASと自動運転との差を埋める方向に進化する。

　このように、自動運転に必要なデバイスはADASの延長線上に存在

すると考えられる。既に実用化されているADASに向けたビジネス展開が、将来の自動運転ビジネスへの足がかりとなると考えられる。

## 自動運転車の補償制度の必要性

　最後に三つ目の有事の際の責任問題を考えてみる。これまで紹介してきたように自動運転が実用化され、自動運転車を用いた商用サービスが普及すると、自動運転車が事故を起こしたときなど有事への対応が課題になる。

　現在、交通事故が起こった場合、運転操作に問題があれば運転者責任となり、車両や交通サービスに問題があれば事業者が責任を問われる。自動運転が実用化されると、事業者は自動運転技術の安全性を高める努力を行う必要があり、それでも事故が起こった場合は、賠償責任などの民事責任や刑事責任が問われる可能性がある。

　自動運転車の機能安全に関しては、「ISO26262」の中の「ASIL（Automotive Safety Integrity Level）」で規格化されている。ASILはA～Dの区分があり、レベルごとに許容される1時間当たりのシステム故障の発生回数を、システム故障率として定義している。自動運転車では、最も安全性のレベルが高い「ASIL D」が求められる。

　ADASなどに適用されるASIL B～Cでは1時間当たりのシステム故障回数が$10^{-7}$回であるのに対し、ASIL Dにおけるシステム故障回数は$10^{-8}$回である。これは、1億時間（約1万年）走行して1回程度ということであり、かなり厳しい要求であることが分かる。

　この要求に応えるために、自動運転技術を開発する事業者はシステムを冗長設計にして、一つのシステムが故障しても残るシステムで走行機能を担保することでシステムの故障率を低減させようとしている。さらに、自動運転機能の故障をSPFM（Single Point Failure

Metrics)やLFM(Latent Failure Metrics)という指標によって検知し、故障を検知したら自動運転車を安全に停車させるような機構を組み込むことで、安全性の向上を狙っている。

## 期待されるソフトウエア更新の活用

このように自動運転車の実用化には、安全性を高める研究開発が不可欠になる。それでも、実用化の後に不具合が発覚することはあり得る。その場合は、リコールやサービスキャンペーンなどという形で改修を行うことになる。

そこで自動運転車の実用化を目指す事業者は、リコール対策費用などを製品保証引当金という形で計上している。実際に国内のOEMが計上した引当金額に基づいて、ADAS車両と自動運転車の1台当たりで予測される引当金額を示した(図10-4)。

自動運転車はこれまでの車両と比較してソフトウエアの比率が高まるため、ソフトウエアに対する引当金が5～10万円まで増加すると予測される。このソフトウエアの引当金は、リコールなどで改修され

**図10-4　国内OEMにおける車両1台当たりの製品保証引当金**

| (実績) ADAS車両 | | (予測) 自動運転車 | |
|---|---|---|---|
| A社 | B社 | A社 | B社 |
| 3.8万円<br>ソフトウエア 0.96 (25.0%)<br>ハードウエア 2.87 (75.0%) | 2.2万円<br>ソフトウエア 0.54 (25.0%)<br>ハードウエア 1.63 (75.0%) | 12.4万円<br>ソフトウエア 2.87 (23.1%)<br>ハードウエア 9.58 (76.9%) | 7.1万円<br>ソフトウエア 1.63 (23.1%)<br>ハードウエア 5.42 (76.9%) |

■ソフトウエア　■ハードウエア

出典:ADL

る車両のディーラー作業費に充てられる。これを削減するために、通信を用いてソフトウエアを更新する「OTA（Over The Air）」の活用が期待されている。

　実際に有事が起こった際にOEMは、刑事責任と民事責任に問われる可能性が出てくる。ただし、自動運転車の開発時に有事の発生を予期していなかった場合や、想定していない有事が起こった場合でも、「リコールで機能を改修するなど確実に対応していれば、刑事責任に問われない」というのが現状の傾向である。

　一方、民事責任の賠償金は任意保険でまかなっているのが現状だが、自動運転車においてはこの保険が強制になる可能性がある。日本における強制保険には自賠責保険があり、自動運転車の保有者はこの両方に加入する必要が想定される。また有事の際に運転者に対しては無過失事故として、被害者に対する支払い期間を短縮し、事業者責任が確定すれば保険会社が支払った保険金をOEMに請求することになると予測される。

　既存の車両保険は、事故などの有事の発生頻度に基づき車種ごとに料率が決まる。事故の発生確率はユーザー分布により決まるため、現在の料率の仕組みでは短期間での料率変更はなく、変動も少ない。これに対して自動運転車の保険は、OEMごとに料率が変わることが予測される。

　自動運転車は実用化後にOTAなどでシステムを改良することが可能になり、大幅に有事の発生確率が変化することが予測される。この変化を最も把握しているのはOEM自身である。近年、OEMは自動車単体の「モノ売り」からの脱却を模索している。自動運転車保険は将来、OEM自身が提供する時代が来るかもしれない。

# 第11章 自動運転車の販売価格はこうなる

前章では、自動運転車を開発する際の留意点を整理した。本章ではSAEが定義する自動運転レベルの「3～5」相当の自動運転機能のオプション価格を、自動運転技術要素ごとに予測する（**図11-1**）。

　また、自動運転車の価格の構成要素は（1）ハードウエアコスト、（2）ダイナミックマップコスト、（3）通信機器費、（4）セキュリティー対策費、（5）開発費、（6）製品保証費──に分けて考える（**図11-2**）。以下、各要素に関して考察する。

## (1) ハードウエアコスト

　自動運転車は「認識」→「計画」→「制御」のループを処理することで走行機能を実現している。自動運転車にはこの処理を実現するために、様々なハードウエアが搭載される（**図11-3**）。

　最初の「認識」では、自動運転車が走行するために必要な他車両や歩行者などの交通参加者、信号、道路形状など複雑な交通環境の認識を行う。自動運転車に搭載されるハードウエアは、車両の周りの外界を認識するセンサーとして主にカメラ、ミリ波レーダー、3D（3次元）LIDARが用いられる。さらに、これらの外界センサーに加えて、レベル3までの自動運転では運転者の操作も必要になるため、運転者の状態を監視するモニタリングシステムが搭載される（**図11-4**）。

　二つ目の「計画」では、認識された交通環境に合わせて走行軌道の計算を行うための自動運転ECUが必要となる。三つ目の「制御」では、走行軌道に従って車両の操舵・加減速を行うための制御機器が搭載される。これらは、自動運転を問わず徐々に標準搭載されつつあるため、今回の考察対象からは除外した。ここでは各ハードウエアの技術進化とBOMコスト（製品を作るために用いられる素材やコンポーネントの総コスト）に関して考察する。

図11-1 車両の周辺状況を検知して運転を支援するADAS

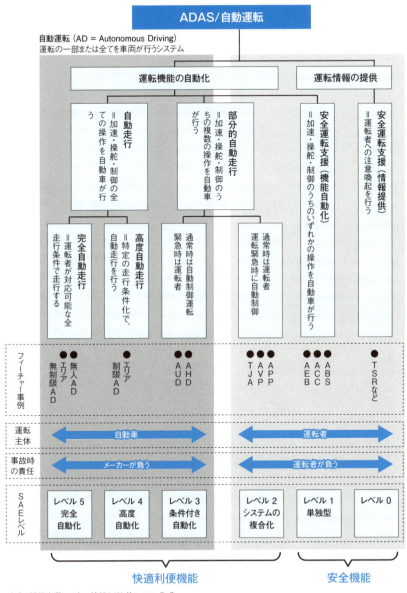

出典：首相官邸HP内の情報などを基にADL作成

図11-2 自動運転車のオプション価格構成要素

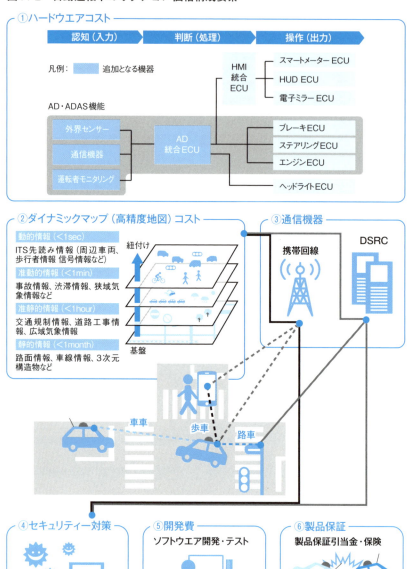

出典：ADL

## 図11-3　自動運転の処理と必要なハードウエア

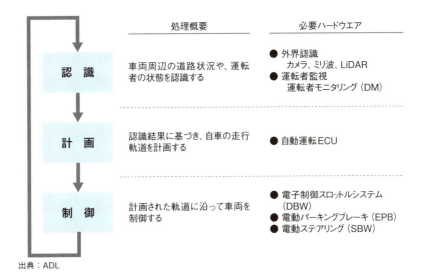

出典：ADL

## 図11-4　認識対象とセンサー

| | | | 認識対象 | | | | | |
|---|---|---|---|---|---|---|---|---|
| | | | 白線 | 落下物 | 車両 | 歩行者・自転車 | 信号 | 標識 | 運転者の状態 |
| センサー | カメラ | | ○ | ○ | ○ | ○ | ○ | ○ | ○ |
| | ミリ波 | 短距離 24/25GHzミリ波 | | | ○ | ○ | | | |
| | | 中長距離 76/77GHzミリ波 | | | ○ | | | | |
| | | 高精細 79GHzミリ波 | | | ○ | ○ | | | |
| | LiDAR | 3D LiDAR | | | ○ | ○ | | | |
| | 運転者モニタリング（DM） | | | | | | | | ○ |

出典：ADL

## ①カメラ

カメラは空間の色彩データを取得することができ、複数個のカメラを組み合わせた複眼カメラを用いることで、カメラ間の視差角より認識対象までの距離を測定できる。現在AEB（自動緊急ブレーキ）などのADAS用途として用いられるカメラは100万〜200万画素（1〜2メガピクセル）程度の解像度であり、BOMコストは単眼カメラで1万円程度、複眼カメラで2万円程度である。

ADASから自動運転車へと機能が向上するに従い、より長距離かつ精細な認識が必要となるため、解像度は800万画素に上昇すると言われている。800万画素のカメラが市場投入される可能性のある2020年においては、一部車種のみの搭載となり5〜10万円程度のコスト

### 図11-5　要素部品性能（カメラ）

| | 参考値 コンチネンタル カメラ | 2016 | 2020 | 2025 | 2030 |
|---|---|---|---|---|---|
| 画素数 [百万画素] | 1 (960×1280) | 2 (1200×1600) | 2 (1200×1600) | 8 (AD用途) (2400×3200) | 8以上 (AD用途) (2400×3200以上) |
| フレーム数 [fps] | 50 | 50 | 100 | 100 | 100 |
| CPU [GHz] | 0.533GHz | 1GHz | 1G〜1.5GHz | 3GHz | 5GHz 複数CPU・GPU による実装の可能性 |
| メモリー [MB] | 128 | 256 | 2024 | 4048 | 4048以上 |
| BOMコスト[円] 単眼/複眼 | — | 10000/20000 | 10000/20000 | 10000/20000 | 10000/20000 |

コストに関しては、年々カメラ性能は向上するが、コストに性能向上が反映せず、一定値を取ると予測

8Mカメラが市場投入される2020年ごろには、モノラル50000〜100000（平均75000）だが、量産段階では価格下落により従来品と同等価格になると予測

出典：コンチネンタルカメラスペック、有識者インタビューに基づきADL作成

が予測される。2025年にかけて自動運転車に搭載され普及し始めると、現状のコストレンジに落ち着いていくと予測される（図11-5）。

## ②ミリ波レーダー

ミリ波レーダー（以下、ミリ波）はミリ波帯域の高い周波数の電波を使ったセンサーであり、短距離・中距離・長距離と、研究開発段階の高精細のミリ波に分けられる。短距離・中距離・長距離のミリ波は主に自動車認識に用いられているが、2020年ごろまでに高精細ミリ波が実用化されることで、ミリ波による歩行者検知が可能となると予測される。BOMコストは、既に量産効果により価格は低下しているものの、CMOSなどの新技術の採用により、性能向上とコスト削減が両立されると予測する（図11-6）。

図11-6 要素部品性能（ミリ波）

| | ミリ波性能 | | | | |
|---|---|---|---|---|---|
| | | 2016 | 2020 | 2025 | 2030 |
| 短距離ミリ波（SRR、24/25GHz） | 検知距離 [m] | 40/80 | 70 | ← | ← |
| | 水平画角 [度] | 140/30 | 180 | ← | ← |
| | BOMコスト [円] | 5000 | 3500 | 2500 | ← |
| 中距離ミリ波（MRR、76/77GHz） | 検知距離 [m] | 160 | ← | ← | ← |
| | 水平画角 [度] | 45 | ← | ← | ← |
| | BOMコスト [円] | 10000 | 6000 | 5000 | ← |
| 長距離ミリ波（LRR、76/77GHz） | 検知距離 [m] | 200/250 | 250 | ← | ← |
| | 水平画角 [度] | 18/12 | 30 | ← | ← |
| | BOMコスト [円] | 15000 | 10000 | 7500 | ← |
| 高精細ミリ波（79GHz） | 検知距離 [m] | 開発段階 | 40/100 | ← | ← |
| | 水平画角 [度] | 開発段階 | 110/30 | ← | ← |
| | BOMコスト [円] | 開発段階 | N.A. | ← | ← |

出典：各種二次情報、矢野経済に基づきADL作成

### ③ 3D LIDAR

3D LIDARは、赤外線レーザーを用いることで認識対象までの距離と方向を測定できるセンサーである。3次元にレーザーを照射することで3次元データとして測定することができる。これまでは主に研究用途で使われていたセンサーであったため、数百万円と高コストで車載実用化は難しかった。

現状の3D LIDARは赤外線レーザーをモーターにより3次元に照射していたため、可動部の耐久性に課題があった。今後は自動運転車での使用を目指して、現状の性能を維持しつつ、可動部を減らすことで高耐久性と低コスト化を目指した商品開発が進む。これにより、最終的に1万円程度までコストが低下すると予測される（図11-7）。

### ④ 運転者モニタリング

運転者モニタリングは、レベル3の自動運転において、自動運転から手動運転への権限委譲に必要となる。ただし、レベル4以上の自動運転車であっても、走行道路によってはレベル3に機能制限されるため、レベル3以上の全ての自動運転への運転者モニタリングが搭載され、普及が加速すると予測される。普及に伴い処理チップがASICになることで、BOMコストは5万円から1万円以下まで低下すると予測する（図11-8）。

### ⑤ 自動運転ECU

自動運転ECUは、自動運転車に求められる走行機能が拡大するに従い、処理アルゴリズム量が増えるため高性能化することが求められる。

自動車アセスメント（NCAP）において2013年からAEBのテストが加わったことに対応するため、2017年時点のレベル0〜2のADAS機能では1GHz程度のCPU性能が求められていた。これが2020年に

## 図11-7　要素部品性能（3D LIDAR）

| | | 2016 | 2020 | 2025 | 2030 |
|---|---|---|---|---|---|
| 3D LIDAR | 主な方式 | モーター駆動 | MEMSミラー<br>光フェーズドアレイ<br>分割受光素子 | Solid stateセンサーへの移行<br>光フェーズドアレイ<br>分割受光素子 | |
| | 検知距離 [m] | 100/200 | ← | ← | ← |
| | 水平画角 [度] | 360/140 | 現状の高性能な機能から、実際の走行に必要な機能まで性能を下げていく | | |
| | 垂直画角 [度] | 30/3.2 | | | |
| | 水平×垂直<br>解像度 [画素] | 3600～900×16/<br>580×4 | ← | ← | ← |
| | BOMコスト<br>[円] | 研究用途<br>80万/500万 | 5万～100万<br>（非量産時<br>代表値20万円） | 1万～10万<br>（代表値5万円） | (仮) 代表値<br>1万円 |

出典：各種二次情報、日経Automotiveに基づきADL作成

## 図11-8　要素部品性能（運転者モニタリング）

| | | 2016 | 2020 | 2025 | 2030 |
|---|---|---|---|---|---|
| 運転者モニタリング | 使用センサー | ステアリング<br>トルクセンサー | 近赤外線カメラ | 近赤外線カメラ | 近赤外線カメラ |
| | センシング内容 | ハンドル操作<br>有無 | 顔・目線<br>心拍数 | 顔・目線<br>心拍数 | 顔・目線<br>心拍数 |
| | 処理チップ | LKA*用マイコン<br>に実装される | マイコン・<br>FPGA | ASIC | ASIC |
| | コスト構造 | LKA*用マイコン<br>価格に含まれる | センサーに対<br>し、処理チップ<br>の価格がメイン | 処理チップが<br>メイン | 処理チップが<br>メイン |
| | BOMコスト<br>[円] | ―<br>（追加コスト無し） | 5万 | 1万 | 1万以下 |

*LKA：Lane Keep Assist

高級車および、レベル3以上の自動運転の権限委譲用途として装着されてくる

レベル3以上の自動運転が普及すると、チップがASICとなり価格が下落する

出典：有識者インタビュー、二次情報に基づきADL作成

向けて、高速道路におけるレベル3の自動運転に対応するため、自車周辺の自動車の行動予測を線形予測程度の比較的軽量な処理で実施する必要があり、2GHzまで上昇すると予測される。

さらに、市街地における自動運転が求められる2035年ごろに向けて、歩行者の行動予測の処理を行うためにCPUとメモリーの性能が、飛躍的に増大すると予測される。今後も半導体性能はムーアの法則に従い2年で2倍になり続けると仮定すると、BOMコストを大幅に増加させる要因とはならず、量産時で1～3万円程度になると予測される（図11-9）。

## （2）ダイナミックマップのコスト

自動運転車を実用化するには外部環境を認識するためのセンサーが必要になるが、手前にある物体が背後にある物体を隠して見えなくなる「オクルージョン」が発生するなど、センサーだけで全ての情報を認識することは困難である。そこで、ダイナミックマップ（高精度地図）の利用が検討されている（図11-10）。

ダイナミックマップは、時間的な変化の少ない高精度な地図情報が

**図11-9　要素部品の性能（自動運転ECU）**

| | 統合ECUの処理能力 | | | |
|---|---|---|---|---|
| | 2016 | 2020 | 2025 | 2030 |
| CPU（GHz） | 1 | 2 | 3 | 5 |
| メモリー（GB） | 0.256 | 2 | 4 | 8 |
| 生産数 | サンプル | 10万台/月 | ← | ← |
| BOMコスト［円］ | 15万円 | 1万～3万円 | 1万～3万円 | 1万～3万円<br>平均2万円 |

出典：有識者インタビュー、二次情報に基づきADL作成

記録される静的情報と、事故や交通規制などが記録される準静的情報・準動的情報と、常に変化する車両や信号情報が記録される動的情報まで4レイヤーにより情報が記録され、自動運転車の認識結果と合わせて利用される。

このうち静的情報である高精度地図は、車載型の移動式高精度3次元計測システムであるMMS（モービル・マッピング・システム）により初期の地図が生成され、運用上の道路形状の変化は一般車両で検知することを目指している。準静的情報と準動的情報は道路整備業者や自治体などより情報が取得され、動的情報は道路交通情報通信システムセンターなどが取得する。

ダイナミックマップは、日本においては事業会社に移行した「ダイナミックマップ基盤」、海外においてはオランダHERE社などの民間企業により維持運営されていくことになる（図11-11）。このダイナミックマップを自動運転車で利用するのにかかるコストは明確になっていないため、本章では現状の地図更新費用と同等の毎年2万円として考える。

図11-10　ダイナミックマップの仕組み

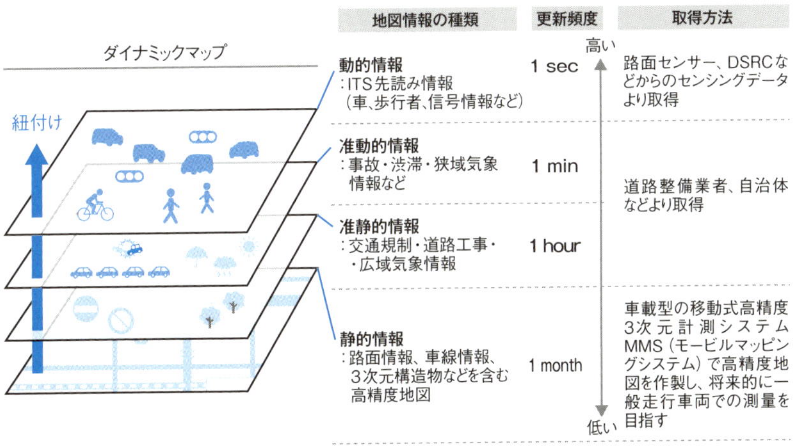

| 地図情報の種類 | 更新頻度 | 取得方法 |
|---|---|---|
| 動的情報：ITS先読み情報（車、歩行者、信号情報など） | 1 sec | 路面センサー、DSRCなどからのセンシングデータより取得 |
| 准動的情報：事故・渋滞・狭域気象情報など | 1 min | 道路整備業者、自治体などより取得 |
| 准静的情報：交通規制・道路工事・広域気象情報 | 1 hour | |
| 静的情報：路面情報、車線情報、3次元構造物などを含む高精度地図 | 1 month | 車載型の移動式高精度3次元計測システムMMS（モービルマッピングシステム）で高精度地図を作製し、将来的に一般走行車両での測量を目指す |

出典：ダイナミックマップ基盤

図11-11　ダイナミックマップ基盤の役割

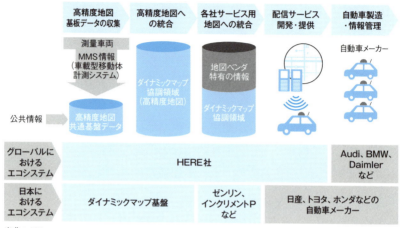

出典：ADL

## （3）通信機器費

　自動運転車には、前述のダイナミックマップを使用するために、通信モジュール（DCM）やDSRCなどの通信機器が搭載される。DCMは自動運転車への新しい機能の追加や、ソフトウエアの不具合に対応するために、通信により車両のプログラムを書き換えるOTA（Over The Air）に用いられる。これらの通信に必要な機器のBOMコストを4000円として考える。

## （4）セキュリティー対策費

　自動車のセキュリティー問題は、従来の自動車においても車内のOBDポートやキーレス・エントリー・システムへのハッキングが問題視されていた。最近のADASや自動運転への進化により自動車にセンサーや通信機器が搭載されるようになると、より強固なセキュリ

## 図11-12 サイバー攻撃リスクの拡大

| | ～2016年 | 2018年 | 2020年 | 2025年 |
|---|---|---|---|---|
| | システムが車両を制御する | 通信と制御系がつながる | 通信に基づき車両制御する | 自動運転車のプログラムを書き換える |
| | ADAS車両 | eCall搭載車両（EU2018年義務化） | V2X搭載車両（USA2020年義務化） | 自動運転車・OTA |
| システム | 外界センサー（カメラ・ミリ波）／制御系（ブレーキ・エンジン等） | ボディ系（エアバック等）／通信機器（DSRC・携帯回線）／外部通信 | 制御系（ブレーキ・エンジン等）／通信機器（DSRC・携帯回線）／外部通信 | 制御系（ブレーキ・エンジン等）／通信機器（DSRC・携帯回線）／外部通信 |
| | 制御←→センサー／センサーデータ | ボディ制御←→通信／エアバック作動信号 | 制御←→通信／他車・道路情報・自車走行情報 | 制御←→通信／センサー／プログラム |
| | ブレーキ、アクセル、操舵を自動操作するADASシステムにより、外界センサーデータに基づいた車両制御がなされる | 事故時にエアバック作動信号を緊急通信するeCallシステムにより、通信機器と車両制御系が間接的に繋がる | 通信データに基づいて車両制御を行うV2Xにより、通信データに基づいた車両制御がなされる | 自動運転車のプログラムの更新・変更を遠隔で行うOTAにより、通信によりプログラムを変更できるようになる |
| 想定リスク | データ改ざんリスク／センサーデータに異常データを紛れ込ますことにより、車両の正常走行を阻害する | 侵入リスク／通信機器より車両内部へ侵入し、制御系に攻撃を仕掛けることで、車両の正常走行を阻害する | 侵入リスク／通信データに異常データを紛れ込ますことにより、車両の正常走行を阻害する | プログラム書換えリスク／車両のプログラムを、異常なプログラムデータに書き換えることで、車両の正常走行を阻害する |

出典：ADL

ティー対策が必要になってきた（図11-12）。

　ADASを搭載した車両は、センサーによる認識結果によって車両制御が行われる。このセンサーへのハッキングにより、車両が暴走することが懸念されている。そこでセンサーや車両制御を行うECUに、セキュリティー対策が必要になる。

　さらに自動運転車になると通信機能が搭載され、通信と車両制御部がCAN通信により接続されるようになる。仮に通信部からハッキン

グを許して車両制御部まで侵入されてしまうと、車両が悪意ある攻撃者に遠隔制御されてしまう可能性がある。

　そこで自動車メーカーは、通信に対する攻撃の監視を行うMSS（マネージド・セキュリティー・サービス）が必要になる。ここでは攻撃監視に必要なMSS費用を現在のITサーバーのセキュリティー対策費と同等とし、自動車メーカー当たり最低で年間3億円と仮定する。また、ある自動車メーカーが年間販売する1000万台の車両のうち1％が自動運転車となり、その車両が10年間市場に残存すると仮定する。そうすると、車両1台当たり年間300円のコストが発生することになる。

## （5）ソフトウエアの開発費

　自動運転車の開発費は、ハードウエア開発費とソフトウエア開発費により構成される。ハードウエア開発費はハードウエアの項で分析した部品のBOMコストに含まれるため、ここではソフトウエア開発にかかる費用を考察する。

　自動運転車のプログラム行数は1億行と言われており（注1）、1人のプログラマーが車載品質のプログラムをかける行数を1日当たり100行とすると、開発には2740人・年が必要になる。1人のプログラマーの人件費を年間2000万円とすると、自動運転車のソフトウエア開発費は550億円程度と推計できる。

　開発したソフトウエアの利用期間を10年とし、自動運転のオプション化比率を1％とすると、車両1台当たり配賦されるソフトウエア開発費を求めることができる（**図11-13**）。トヨタ自動車のような年間1000万台の車両を販売するメーカーは、自動運転車のオプション価

---

注1：日本の自動運転車開発の課題は「自動車業界とIT業界の連携不足」（富士通テン、2016年01月19日）
　　http://monoist.atmarkit.co.jp/mn/articles/1601/19/news027_4.html）

### 図11-13　自動運転車オプション価格に配賦されるソフトウエア開発費用

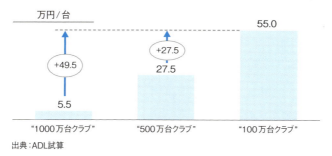

出典：ADL試算

格に配賦されるソフトウエア開発費は5.5万円となる。年間の車両販売台数が減少すると開発費の配賦額は増加する傾向となり、年間の車両販売台数が500万台のメーカーでは27.5万円、100万台では55万円と試算できる。

## （6）製品保証コスト

第10章でも自動運転化による製品保証費の増加に関して触れたが、ここではより詳細な費用予測を行いたい。自動運転車の実用化後に不具合が発覚した場合は、リコールやサービスキャンペーンなどという形で改修を行うことになり、この改修費用は製品保証引当金として販売価格に含まれる。

国内の自動車メーカーにおいて、現在のADAS搭載車両を含む自動車販売台数に対する保証引当額は、年間車両販売台数が1000万台のメーカーで3830億円、300万台のメーカーで650億円である。平均すると車両1台当たりの保証引当金額は2.2万～3.8万円となる。国土交通省のデータによると、リコール総数の約25％がソフトウエアに対するものであるため、ソフトウエア不具合に対する保証引当金は1台当たり0.5万～1万円となる。

自動運転化することでプログラム総数が10倍になり、保証引当金も同様に10倍になると仮定すると、1台当たりのソフトウエアに対する引当金は5万〜10万円にまで拡大する。その結果、1台の自動運転車に対する引当金額は7万〜12万円になると試算できる。

図11-14　自動運転オプション価格

| | | | | 〜2016 | |
|---|---|---|---|---|---|
| | 自動化レベル | | | レベル2<br>全速度域単一車線走行 | |
| | 使用センサー構成 | | | ミリ波メイン | カメラメイン |
| 車両コスト構造 | 1.ハードウェア | センサー | カメラ | 10000円<br>前方×1 | 20000円<br>前方ステレオ×1 |
| | | | ミリ波 | 15000円<br>前方LRR×1 | — |
| | | | LiDAR | — | — |
| | | | DM | — | — |
| | | 自動運転ECU | | — | — |
| | ハードウェア BOMコスト | | | 2.5万円 | 2万円 |
| | 2.地図 | 高精度地図ダイナミックマップ | | — | — |
| | 3.通信機 | 携帯回線・DSRC | | — | — |
| | 4.セキュリティー | 常時監視 | | — | — |
| | 5.開発費 | SW開発・テスト | | 0.5〜5.5万円<br>OEM規模による | 0.5〜5.5万円<br>OEM規模による |
| | 6.製品保障 | 引当金・保険 | | 2.2〜3.8<br>万円 | 2.2〜3.8<br>万円 |
| | 自動運転オプション価格<br>(2×ハードウェア BOMコスト＋2〜6コスト) | | | 8〜14万円 | 7〜13万円 |

出典：有識者インタビュー、二次情報に基づきADL作成

## 自動運転車のオプション価格

これまで、自動運転車のオプション価格要素を構成要素ごとに推計した（**図11-14**）。ここで、自動運転車のオプション価格は「ハードウ

| ～2020 | | ～2025 | | 2030 | |
|---|---|---|---|---|---|
| レベル3 | | レベル4 | | レベル5 | |
| ミリ波メイン | カメラメイン | ミリ波メイン | カメラメイン | ミリ波メイン | カメラメイン |
| 75000円<br>前方×1 | 105000円<br>前方×1<br>後方×1<br>側方×2 | 10000円<br>前方×1 | 40000円<br>前方×1<br>後方×1<br>側方×2 | 10000円<br>前方×1 | 40000円<br>前方×1<br>後方×1<br>側方×2 |
| 34000円<br>前方LRR×1<br>後方MRR×2<br>側方MRR×2 | 23500円<br>前方LRR×1<br>後方SRR×1<br>側方MRR×2 | 27500円<br>前方LRR×1<br>後方MRR×2<br>側方MRR×2 | 20000円<br>前方LRR×1<br>後方SRR×1<br>側方MRR×2 | 27500円<br>前方LRR×1<br>後方MRR×2<br>側方MRR×2 | 20000円<br>前方LRR×1<br>後方SRR×1<br>側方MRR×2 |
| 200000円<br>前方×1 | 200000円<br>前方×1 | 50000円<br>前方×1 | 50000円<br>前方×1 | 10000円<br>前方×1 | 10000円<br>前方×1 |
| 5万円<br>DM | 5万円<br>DM | 1万円<br>DM | 1万円<br>DM | 1万円<br>DM | 1万円<br>DM |
| 20000円<br>AD-ECU | 20000円<br>AD-ECU | 20000円<br>AD-ECU | 20000円<br>AD-ECU | 20000円<br>AD-ECU | 20000円<br>AD-ECU |
| 37.9万円 | 39.85万円 | 11.75万円 | 14万円 | 7.75万円 | 10万円 |
| — | — | 2万円 | 2万円 | 2万円 | 2万円 |
| — | — | 1万円 | 1万円 | 1万円 | 1万円 |
| 300円 | 300円 | 300円 | 300円 | 300円 | 300円 |
| 5.5～55万円<br>OEM規模による | 5.5～55万円<br>OEM規模による | 5.5～55万円<br>OEM規模による | 5.5～55万円<br>OEM規模による | 5.5～55万円<br>OEM規模による | 5.5～55万円<br>OEM規模による |
| 7.1～12.4万円 | 7.1～12.4万円 | 7.1～12.4万円 | 7.1～12.4万円 | 7.1～12.4万円 | 7.1～12.4万円 |
| 88～143万円 | 92～147万円 | 39～94万円 | 44～98万円 | 31～86万円 | 36～90万円 |

エア」のBOMコストの2倍と、「ダイナミックマップ」「通信機器」「セキュリティー対策」「ソフトウエア開発費」「品質保証」のコストの総和になると仮定する。そうすると年間販売台数が1000万台の自動車メーカーは、2020年に90万円のオプション価格となり、この価格は2030年かけて30万円まで低下すると予測される。一方、年間販売台数が100万台のメーカーはソフトウエア開発コストの割合が大きくなるため、2020年で140万円、2030年で90万円になると予測される。

このように、自動車メーカーにより自動運転車のオプション価格に大きな差が発生する。そのため、年間販売台数が500万台以上の自動車メーカーでないと、自動運転車を現実的に販売可能な価格にすることは困難かもしれない。この場合は自動運転を自社開発せずに、自動運転車の開発で先行する他の自動車メーカーやサプライヤー、米Google社などのIT業界と提携し、自動運転技術を「手の内化」する必要がでてくる可能性がある。

# 第12章

# 自動運転型モビリティーサービスの開発をいかに進めるか

現在のモビリティーサービスでは、運転者がクルマの運行を管理している。しかし、将来的に自動運転技術が進化して無人運転が可能になると、自動運転型モビリティーサービスを運営する事業者が、適切に無人運転車を管理・運航することが必要となる。本章では、これらの自動運転型モビリティーサービスを開発するにあたり考慮すべき点を、交通サービス事業者に求められる機能や業務形態と、そこで運営されるモビリティーサービスの分類とその特徴に分けて考察する。

## 交通サービス事業者に求められるもの

　自動運転車を用いた交通サービスを提供する事業者は、交通サービスプラットフォーム（PF）を用いて、交通サービスや自動運転が正常に運行しているかを常時監視する必要がある（**図12-1**）。事業者が自動運転車を用いる目的の多くは、運転者を減らすことによるコスト削減であるため、基本的にクルマに監視要員を乗せるのは難しい。

　そのため事業者は、自動運転車を遠隔で監視・制御しながら交通サービスを提供することが求められる。この交通サービスPFは、

**図12-1　交通サービス事業者に求められること**

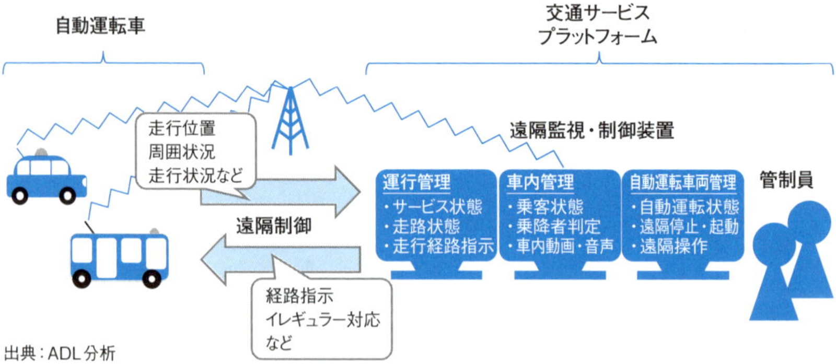

出典：ADL分析

サービスの監視・管理や自動運転車に走行経路を指示するための「運行管理」と、乗客の車内状態や乗降者を判断する「車内管理」、自動運転機能の状態監視と異常発生時の対応などを行う「自動運転車両管理」の機能が必要となる。

自動運転型モビリティーサービスならではの必要機能として、車内の乗客監視だけでなく、降車後の乗客の監視が挙げられる。例えば、降車後に転倒した乗客の存在に気づかずに発車後、後続車両などに巻き込まれた場合は、事業者が保護責任者遺棄罪に問われる可能性がある。

このように、交通サービスの全てを交通サービスPFで管理することが求められる。そして、このPFも少ない人数で運用し、人件費の削減を目指すことが求められる。1人の管制員が10台程度の車両を管理できれば、無人化による人件費の削減インパクトは、かなり大きなものになるだろう。

## モビリティーサービスの業務形態

自動運転型モビリティーサービスの業務形態は、車両の保有形態（交通サービス事業者が車両を保有するのか、他者が保有する車両を利用するのか）の観点と、交通サービスPFの開発・運用形態（交通サービス事業者自身が交通サービスPFの仕組みを開発・運用するのか、他者が開発した交通サービスPFを利用するか）の観点で、4種類に分類できる（図12-2）。

一つ目の「自社保有車両によるサービス提供」では、交通サービス事業者自身が保有する車両を使ってサービスを展開する形態となる。検討を進めている事例として、ロボネコヤマトの無人配送トラックでは、ヤマト運輸が保有する配送トラックを用いて、自社開発の運送管理システム（交通サービスPF）によって運航することを想定してい

図12-2　自動運転を用いたビジネスモデル（課金モデル）

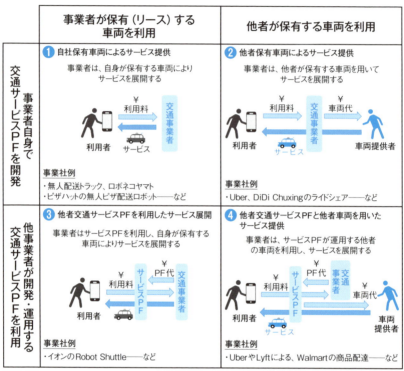

出典：ADL

る。ピザハットでは自社が保有する配送ロボットを使って、ピザの無人配送を検討している。

　二つ目の「他者所有車両によるサービス提供」では、他者が保有する車両を使って交通サービス事業者がサービスを展開する形態となる。検討を進めている事例としては、米Uber Technologies社や中国DiDi Chuxing社によるライドシェアリングサービスがある。

　三つ目の「他者交通サービスPFを利用したサービス展開」では交通サービス事業者は、他者が開発・運用する交通サービスPFを利用し、自社が保有する車両を使ってサービスを展開する形態となる。検

討を進めている事例としては、小売り大手のイオンがDeNAの「Robot Shuttle」などの無人運転バスを導入し、店舗間や地域内の交通弱者対策を行うといったものがある。

最後の「他者交通サービスPFと他者車両を用いたサービス提供」では交通サービス事業者は、他者が開発・運用する交通サービスPFを利用し、さらに他者が保有する車両を使ってサービスを展開する形態となる。検討を進めている事例としては、Uber社や米Lyft社などが提供するライドシェアリングサービスを利用し、米小売り大手のWalmart社などの商品を配達するといったものがある。

このように自動運転型モビリティーサービス事業では、車両や交通サービスPFなどの資産（アセット）を自前で持つかどうかを、開発費や運用にあたり必要となる固定費の観点から判断する必要がある。

## 自動運転型モビリティーサービスの分類

次に、自動運転車を用いたモビリティーサービスに関して考察する。自動運転型モビリティーサービスは、走行経路制約と自動運転を行う範囲によってまとめると、5種類に分類できる（**図12-3**）。

走行経路制約では、シナリオ①②のような決まった路線を走行する「固定経路」の場合と、シナリオ③④⑤のような乗客の出発地・目的地に合わせて任意の経路を走行する「制約なし」に分けられる。自動運転に求められる技術的な難易度を考えると、ある決まった経路だけを走行する固定経路の方が容易である。これは、高精度地図の整備が容易であることや、自動運転時の走行シーンを特定しやすいこと、トラブル対応も事前に想定できるためである。さらに固定経路の場合でも、シナリオ①では自動運転車専用路内での走行であり、他の自動車や歩行者などの交通参加者などと走行領域を分離することができるた

図12-3　自動運転型モビリティーサービスの比較

| | | 走行経路制約 | 自動運転範囲 | |
|---|---|---|---|---|
| | | | 搭乗時 | 無人送迎時 |
| 自動運転型モビリティーサービスの普及シナリオ | ①マルチモーダルシステム内での無人運転BRT | 固定経路（専用道） | ○ | × |
| | ②無人運転バス | 固定経路 | ○（LSV※） | × |
| | ③オンデマンド型カーシェアリングサービス | 制約なし | × | ○（LSV※） |
| | ④ラストワンマイル輸送の無人化<br>地域シナリオ：米国（5）、欧州（5） | 制約なし | ○（LSV※） | ○（LSV※） |
| | ⑤ライドシェアリングの無人化<br>（PtoPシェアリング化） | 制約なし | ○ | ○ |

（実現難易度　低→高）

※LSV：Low Speed Vehicle走行速度30km/h程度の低速度車両
出典：ADL

め、最も技術的な難易度が低くなる。

　次に自動運転を行う範囲に着目すると、乗客の搭乗時に自動運転を行うのか、乗客を無人で送迎するときに自動運転するかどうかで分けられる。

　シナリオ③のようにカーシェアリング車両を送迎するときは、無人送迎の機能が求められる他、利用者の乗車中は人が運転することになる。無人送迎時は乗客が乗車していないため、時速30km/h程度の低速車両（LSV：Low Speed Vehicle）とすることができ、無人運転の技術的な難易度を下げられる。

　シナリオ④のラストワンマイル輸送の無人化では乗客が乗車中の自動運転も求められるが、徒歩や自転車などでの移動区間の代替手段であるため、乗車中であっても低速走行が許容される。

　最後のシナリオ⑤のライドシェアリングの無人化においては、有人で通常の速度で走行するライドシェアリングの代替であるため、乗車中であっても通常の走行速度での自動運転が求められる。技術的な難

易度は最も高くなる。

## シナリオ①：マルチモーダルシステム内での無人運転BRT（Bus Rapid Transit）

　ここからは、各シナリオを詳しく分析する。シナリオ①ではバスや電車など複数の交通サービスが連携することで、地域の輸送最適化を行うマルチモーダルシステムの中で走行していた有人のBRTが、無人運転化することを想定している。欧州を中心に普及しているBRTは、運航スケジュールの定時制確保や事故予防のために、他の交通参加者が侵入できないBRT専用レーンを走行している。将来的にBRTが無人運転化された場合も引き続き専用レーン内を走行することになる（**図12-4**）。

　自動運転開発の最も難しいことの一つとして、人が運転する車両や自転車、歩行者などが混在する環境に対応しなければならない点が挙げられる。車両の行動予測は交通ルールと車両の物理的制約によってある程度は可能だが、歩行者や自転車の行動予測は困難である。行動予測が困難な交通参加者が多数いる中での自動運転の実現と比較して、専用路内での自動運転は技術的な難易度を大幅に下げることがで

**図12-4　マルチモーダルシステム内での無人運転BRT**

出典：ADL

きる。そのため、自動運転型モビリティーサービスの中では、無人運転BRTの技術的な難易度が最も低く、既にBRTが普及している地域から自動運転化される可能性がある。

## シナリオ②：無人運転バス

シナリオ②では、過疎地域など人口密度が低く民営の公共交通機関が存在していないため、主に自家用車で移動する地域が対象として想定される（図12-5）。このような地域では、学生や高齢者など自家用車を保有していない人の移動手段として、あらかじめ決められている停留所とルートを走行するコミュニティーバスが、自治体によって運行されている。このコミュニティーバスが無人で走行する技術確立の押さえどころを、走行路線と走行速度の観点で検討する。

無人運転バスは路線と停留所をあらかじめ決めることで、走行経路を固定化できる。また、走行路線の高精度地図の整備など必要とされる自動運転機能を特定して作りこむことができるため、自動運転の実現性が高くなる。

さらに人口密度が低い地域では、クルマの走行台数や歩行者の人数が少ないため、自動運転車が走行しやすい環境にある。自家用車を運転しない学生や高齢者などのように、元々の移動手段が徒歩や自転車

図12-5　無人運転バス

出典：ADL

である利用者を対象としているため、無人運転バスの走行速度が時速30km/h程度の低速であっても問題がない。これに加えて、これらの地域は信号の設置数が少なく、渋滞も発生しにくいため、都心部と比較してスムーズに走行できる。低速走行であっても、長距離の移動が可能だ。

このように無人運転バスは、固定路線を低速で走行することで実現度を上げられる。自動運転型モビリティーサービスの中で実現性が高いと言える。

### シナリオ③：オンデマンド型カーシェアリングサービス

シナリオ③では、カーシェアリングの利用時に利用者の元までクルマが無人で移動し、利用者は手動運転（または運転支援や部分的な自動運転）で利用し、利用後は自動で駐車することを想定している。このシナリオでは無人送迎時に自動運転となるが、利用者が乗っていない状態であるため低速走行でも問題は少なく、自動化の技術的な難易度を下げられる（図12-6）。

またバレー駐車と呼ばれるような、歩行者が侵入できないように管

図12-6　オンデマンド型カーシェアリングサービス

出典：ADL

理された駐車場内や特定の乗降車エリア間だけを無人送迎区間とすることで、実現性を高められる。このバレー駐車の技術は、自動運転技術が進化して一般道を走行できるようになれば、無人送迎区間を大幅に拡大することでオンデマンド型カーシェアリングサービスとして利用者を大幅に増やすことができるだろう。

### シナリオ④：ラストワンマイル輸送の無人化

　電車やバスなどの公共交通機関で目的地まで向かう場合、都心でない限り最寄りの駅から目的地まで距離が離れている場合が多い。この目的地までの最後の移動手段を提供するのが、無人ラストワンマイル輸送である。利用者ごとに目的地が異なるため、ラストワンマイル輸送ではバスのように固定路線ではなく、目的地に合わせて任意の道路を走ることが求められる（**図12-7**）。

　最寄り駅から目的地までの移動は現在、徒歩や自転車のような低速移動の手段に頼っているため、自動運転の輸送手段に求められる速度も30km/h程度の低速でもよい。ただし、一般的な交通量である中で

**図12-7　ラストワンマイル輸送の無人化**

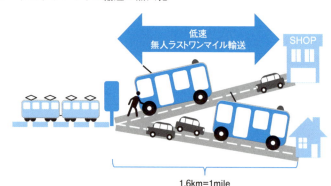

出典：ADL

の無人走行が求められるため、シナリオ②の無人運転バスと比較してより高い無人運転技術が求められる。

## シナリオ⑤：ライドシェアリングの無人化 　　　　　　　　（PtoPシェアリング化）

　ライドシェアは任意の出発地から、任意の目的地まで移動することが求められるため、これが無人化された場合も任意の全ての道路において自動運転を実現することが求められる。また利用者は、通常の走行速度で移動していた有人のライドシェアからの代替であるため、無人化された場合であっても通常の走行速度での自動運転が求められる。そのため、無人のライドシェアの技術は完全に人の運転を代替するレベルが求められる。自動運転の完成形に近いものが必要になる（図12-8）。

　また無人ライドシェア事業は、現在の有人ライドシェアの事業モデルから大幅な転換が求められる可能性がある。Uber社に代表される

図12-8　ライドシェアリングの無人化（PtoPシェアリング化）

出典：ADL

ライドシェア事業者は、自社で車両や運転者を保有しておらず、Uber社のサービスに登録した個人または法人が保有している車両や運転者などを利用して交通サービスを展開している。

この事業モデルは図12-2の分類では、二つ目の「他者保有車両によるサービス提供」に相当する。Uber社などのライドシェアリング事業者は2021年に自動運転化されたライドシェアリング車両の運行開始を目指し、技術開発を行っている。ライドシェアリング事業者が自社開発した自動運転車を運用する場合、その車両は自社が保有することになる。

このときの事業モデルは、一つ目の「自社保有車両によるサービス提供」となる。現在のライドシェアリング事業者は自社で車両を持たないことで少ない固定費で事業運営をしている。自動運転車を保有することは固定費を増大させることとなり、これまでのライドシェアリング事業者の事業の在り方を大きく変えると予測される。

一方、無人ライドシェアリングが実現する時代には、自家用車の無人運転も可能になっているだろう。そうすると自動運転車の所有者は、自分が自動運転車を利用していない時間に、「PtoP（個人間）」シェアリングとして自動運転車を他の利用者へ貸して、利益を得られるようになる。こうした時代には、個人が利益を得るために自動運転車に投資（購入）する可能性がある。新たな自動車の購入動機になるかもしれない。

# 第13章

## LSVが変える自動車業界

前章では無人バスやオンデマンド型カーシェアリング、無人ラストワンマイル輸送において、時速30km/h程度の低速で走行するLSV（Low Speed Vehicle）が利用される可能性に言及した。LSVのメリットとしては、走行速度が低速になることで無人運転の実現の可能性が高まることに加えて、通常速度で走行するクルマと比較して車両設計や製造が容易になることなどが挙げられる。これらのメリットは、新規参入が困難な自動車産業に新規プレーヤーを呼び込む要因となっており、現在の自動車産業とは別のエコシステムを形成する可能性がある。

## LSVは自動運転化しやすい

　まず、走行速度が自動運転の技術確立にどのような影響を及ぼすかを考察する。自動車メーカーのテストドライバーの練習では速く走ることが求められるのではなく、低$\mu$路でしかもABS（アンチロック・ブレーキ・システム）がないような過酷な状況で、正しくブレーキをかけて短い距離で止まる技術が求められている。

　このようにクルマを走行させるために最も大事なことは「ブレーキ」である。高校の物理でも習ったように、物体の運動エネルギーは速度の二乗に比例する。このことは、ブレーキをかけてから停止するまでの制動距離は速度の増加割合の二乗で増えることを意味する。この原理を逆に考えると、走行速度を低下させることで、大幅に停止距離を縮めることができる。例えば街中で60km/hで乾燥したアスファルト路面を走行しているときの制動距離は28m程度に対し、30km/hで走行するときの制動距離は7m程度まで短くなる。

　この原理を利用したのがLSVである。30km/hという低速で走行中に危険を察知して即座にブレーキをかけると、7mの短距離で停止できるため、危険を回避できる可能性が高まる。不測の事態に遭遇した

際でもブレーキで危険を回避できるため、自動運転技術が完全でなくても市場投入できる可能性につながる。ただしLSVで低速走行していると、通常の速度で走行しているクルマとの相対速度が大きくなり危険である。LSVは交通量が少ない過疎地などでの実用化から検討を進めることが現実的と考えられる。

　次に、LSVの車両サイズが自動運転の技術確立にどのような影響を及ぼすかを考察する。前章で、無人BRTが欧州を中心に普及する可能性を示した。これは欧州に既に整備されているBRT専用レーンを利用することで自動運転が走行しやすくするためである。日本ではBRT専用レーンの整備は限定的ではあるが、自転車専用レーンは徐々に整備されつつある。通常はこの自転車専用道路の幅員は1m以上確保されており、一般道の幅員は3m以上確保されている。

　LSVの車両形状でよく検討されているのが、2〜3人乗り程度の超

**図13-1　新型車両の分類**

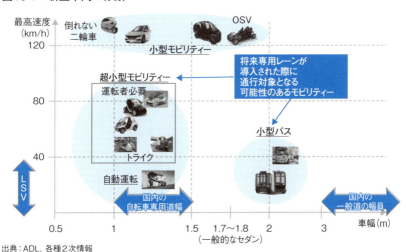

出典：ADL、各種2次情報

小型モビリティー型と、10人乗り程度の小型バス型である。現在研究開発が行われている新しい形状の車両に対して、最高速度と車両の車幅の関係を見てみる（**図13-1**）。超小型モビリティー型LSVの車幅は1〜1.5mに、小型バス型LSVの車幅は2m程度となっていることが分かる。先に述べた道路の幅員と比較すると、自転車専用レーンを超小型モビリティー型LSV用の専用レーンにすることができるし、一般道路の端に小型バス型LSVを走らせることもできるだろう。

## LSVは造りやすい

　LSVのメリットとしては、車体の造りやすさも挙げられる。ここでは、安全性・生産性の面から考察する。

　通常のクルマは、事故が起こった際に乗員を保護するために、高い衝突安全性を確保している。例えば、衝突安全性能は欧州では「EuroNCAP」、米国では「IIHS」が評価しており、速度64km/hでのオフセット前面衝突試験などが行われている。一方、LSVに対しては明確な衝突安全基準が規定されておらず、現状は自動車メーカー各社の検証に委ねられている。例えば2012年時点でトヨタの「COMS」は、32km/hでの衝突試験を行っている。時速64km/hの衝突時のエネルギーと比較して、時速32km/hでは衝突エネルギーは1/4まで下がる。

　通常のクルマは、世界の燃費基準に対応するために車体の軽量化が進んでいる。高張力鋼板の使用や設計面の工夫、製造技術の改良などにより、車体の強度を向上させている。この衝突安全性で求められる技術の高さが、自動車業界へ新規参入することが難しい一つの理由であった。一方、衝突エネルギーを減らすことができれば、車体の安全性に求められる要件を下げることが可能となる。その結果、自動車業

界への参入障壁が下がり、新規参入プレーヤーを増やす要因となる。

　車両の構造に着目すると、通常のクルマは1枚の鋼板を用いて昆虫の外骨格のようにボディーを造るモノコック構造が多い。一方、LSVは哺乳類の骨の役割をするパイプなどで造られたフレームに、乗員室の部分を被せる「フレーム構造」になる。モノコック構造の製造工程では、大型プレス機や金型、製造ラインなど高額な設備を必要とする。この設備によってトヨタなどでは、約1分というタクトタイムでクルマを大量生産できる。しかし、車両構造の設計変更への自由度は低い。

　これに対してフレーム構造は形状が単純であり、パイプフレーム構造であれば溶接設備が整っていれば製造できる。大量生産には向かないが、多品種・少量のクルマを少額の設備投資で造れる。このことは、地場のメーカーが地域ごとのニーズに合わせたLSVを現地生産することにつながる。これまでの自動車メーカーを頂点とした自動車業界の構造を変化させる可能性がある。

# 第14章

# モビリティーサービスと自動運転、2030年の普及シナリオ

これまでの章で、各国におけるモビリティーサービスや自動運転の普及に向けた前提条件、普及をけん引する要素を多面的に考察してきた。本章ではその結果から、2030年頃を見据えた各国のモビリティーサービスや自動運転の普及シナリオと自動車需要に与えるインパクトを考えてみたい。

　各国の普及シナリオについては、第2章で考察した地域性や、第8章で考察したユーザーセグメントごとに、そのニーズが異なると考えられる。そのため本章では「地域×ユーザーセグメント」ごとに、どのようなモビリティーサービスが普及するのか、自動運転にどのようなニーズがあるのか、さらに、それらの実現可能性について考察する。

　自動運転については、「モビリティーサービスで自動運転車を活用する」場合と、「自家用車に自動運転機能が付く」場合に分けて検討する。この二つは自動運転の利用形態や、必要とされる技術の中身が異なるからである。

　モビリティーサービスについては、「現状の（有人）車両を利用する」場合と「自動運転車を利用する」場合の2段階で普及の可能性を考察する。自動運転車の利用を前提にすると、経済性の観点から見たモビリティーサービスの提供可能地域が広がるケースがあるためだ。

　さらに、自動車需要に与えるインパクトに関しては、「地域×ユーザーセグメント」ごとの普及シナリオと、第8章で考察した同じセグメント単位での自動車保有台数とをかけ合わせることで、最終的に主要な交通システムの変化要因ごとのインパクトを算出した。

## 日本における普及シナリオ：自動運転を活用しない場合

　日本において、自動運転を前提としない場合、新型モビリティーサービス普及の可能性としては、大きく分けて以下の四つが考えられる。

(1) 過密大都市部を中心としたカーシェアリングの普及
(2) 大陸系大都市やベッドタウンにおける営利型ライドシェアリング（規制緩和型タクシー）の普及
(3) 地方中核都市や大陸系地方都市におけるコンパクトシティー化によるマルチモーダルシステムの普及
(4)「郊外・地方住宅地＋過疎地」における非営利型ライドシェアリングの普及

　（1）については、東京都心部などで既に普及しつつあるカーシェアリングサービスが、主に週末利用層やシニア層を中心に、各ユーザーセグメント内で最大50％弱のユーザーが自家用車保有からカーシェアリングサービスに移行する可能性がある。

　一方、第5章で考察したように、現在の車両を利用したステーション固定型のサービスでは、人口密度が5000人/km²以上の地域でないと事業者の採算性確保が難しい。そのため、サービスエリアの拡大は三大都市圏に限定される可能性が大きい。

　（2）については高齢化の進展に伴い、今後5〜10年で顕在化する特に自動車中心の交通システムとなっている地方都市部やベッドタウンにおけるシニア層の交通弱者対策の一環として、日本型のライドシェアリングサービスが進む可能性がある。ただし、現在のタクシーのサービスネットワークが一定以上整備されている状況の中で、日本でどこまでどのような形でライドシェアリングサービスに関する規制緩和が進むかは不透明である。

　最も現実的なアプローチとしては、経営体力のある大手のタクシー会社が主導してタクシー免許の規制緩和が進み、アクティブシニア層を活用した簡易的なタクシーサービスとして地方都市部でのラストワンマイル不足を解消するようなシナリオが考えられる。

　（3）の背景課題は（2）に近い。都市圏人口で数十万人規模の地方

都市圏においては、過疎化対策を含めてLRTやBRTなどの公共交通システムの導入を含めたコンパクトシティー化が、2020年の東京オリンピック以降の公共投資の中心的なテーマの一つとして進む可能性が大きい。ただしこの場合、新たな公共交通システムの主要ユーザーは、第9章で考察した富山市のように、自家用車を持たない交通弱者層となる可能性が大きい。そのため、自家用車からの移行ニーズは必ずしも多くない可能性が大きい。

（4）についても、（2）や（3）と同様の高齢化や過疎化に伴う交通弱者対策としての変化である。人口密度の低いこれらの地域では、営利ベースでのライドシェアリングサービスの普及や新たな公共交通システム投資などは考えづらい。そのため、既に一部自治体が運営しているような公共サービスの一環として、非営利型の相乗り型公共タクシーのような形のライドシェアリングサービスが現実的な選択肢となる。その場合の運営上の課題は、「いかに採算性を高めて赤字幅を抑えるか」という点である。これは有人車両を利用している限り、運転者の人件費を抑えるしかないが、過疎地域ではそれすら難しいという現実がある。

## 自動車販売への影響が大きいシナリオ

以上の四つのシナリオを基に、自動車需要への影響を試算した。自動車販売台数を最も減少させるのは、（1）の都市部のカーシェアリングサービスへの移行による影響である（**図14-1**）。具体的には年間16万台程度の減少であり、総重要（約500万台）の3〜4％に相当する。

（2）や（4）など主に地方部におけるライドシェアリングサービスによる代替についても、合計で一つ目と同程度の影響が見込まれる。ただし実際には、これらの需要減少はライドシェアリングサービスの

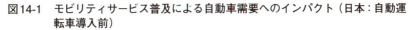

図14-1 モビリティサービス普及による自動車需要へのインパクト（日本：自動運転車導入前）

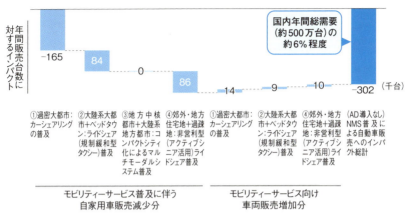

出典：ADL分析

普及に先駆けて高齢者の運転免許返納による買い替え需要の減少といった形で現実化しつつあるといえる。

一方、これらのモビリティーサービス向けの車両台数の増加が見込まれるが、自家用車よりも稼働率が上がるため、自家用車の減少分よりも小さくなる。結果として、自動運転の活用を前提としないモビリティーサービス普及による自動車需要へのインパクトとしては、総需要（年間販売台数）の最大6％程度と考えられる。

## 日本における普及シナリオ：自動運転を活用する場合

次に、完全自動運転車の利用を前提とした場合、どのような新たなモビリティーサービスが普及するかについて考える。日本においては以下の2種類の自動運転車両利用のモビリティーサービスが中心になるだろう。

(5) 大陸系地方都市や過疎地における無人運転バスの導入

(6) ベッドタウンや地方都市部におけるオンデマンド型カーシェアリングサービスの普及

(5)については自動運転を前提としないモビリティーサービスのうち、(3)の公共交通システムや(4)の非営利型の相乗り型ライドシェアリングサービスが代替され得る。その目的は初期投資の抑制や、無人化による運転者コストの削減などによる採算性の改善である。少なくとも、日本においてBtoB用途の自動運転サービスとしては、ニーズの強さとその技術・事業両面の実現可能性の観点から、現実的に最も導入が進む可能性が大きいユースケースと考えられる。

(6)については日本でどのような事業者がこれらのサービス運営者となり得るかを考えた場合、最も現実的なのは既に一定程度普及しているカーシェアリングサービスの車両に自動運転機能が搭載され、カーシェアリングサービスがオンデマンド化して利便性が向上する方向であると想定される。

自動運転機能には、自動駐車機能やその延長線上にある「自動バレー駐車機能」も含まれる。料金が安い郊外の駐車場からユーザーの指定場所まで車両が自動で配車され、ユーザーが目的地まで（レベル3相当の部分自動車運転車として）自ら運転して移動して乗り捨てた後に、再び無人で郊外の駐車場に戻るといった形の利用形態が考えられる。

こうした利用形態が進む場合、カーシェアリング事業者から見ると、サービスエリアの採算性要件であった人口密度の閾（しきい）値（5000人/km²）を大幅に引き下げられる。その結果、より人口密度の低い地方部においても、同様のサービスを展開することが可能となる。また、技術的な難易度の高い市街地での完全自動運転についても、配車や回送時に無人で十分に低速で走るという前提であれば、その実現可能性を大幅に高められると考えられる。

## 影響が大きいオンデマンド型カーシェア

 それでは、自動運転車を利用したモビリティーサービスは自動車需要にどのような影響を与えるのだろうか。影響が最も大きいのは六つ目の「オンデマンド型カーシェアリングサービスの普及」である（**図14-2**）。

 移動時間が重なる通勤主体の利用者層以外のユーザー層の最大で50％弱が自家用車保有からオンデマンド型カーシェアリングサービス利用に移行すると仮定すると、最大で60万台強の新車需要の減少につながる可能性がある。カーシェアリングサービス向けの車両台数の増加を考慮しても、自動運転を前提としないサービスによる代替分を含めると、最大で総需要（年間販売台数）の約20％弱の減少につ

図14-2　モビリティーサービス普及による自動車需要へのインパクト（日本：自動運転車導入後）

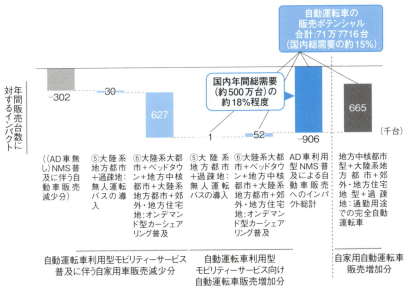

出典：ADL分析

ながるリスクがあり得る。

## 自家用車でも自動運転機能が普及

　最後に、自動運転車の需要を予測してみる。これまで見てきたモビリティーサービス（BtoB用途）向けの車両に加えて、自家用車（BtoC用途）への自動運転機能の搭載が進むと考える。第11章の考察などから、2030年頃には30万円程度の追加コストでレベル4相当の自動運転機能の搭載が可能になるだろう。

　そうなると、完全自動運転に対する受容性が高く、一定以上の距離を毎日運転する通勤主体のユーザーを中心に最大で1/3程度のユーザーが、完全自動運転機能付きの車両を選択すると考えられる。その結果、年間の新車販売台数の約15％に相当する70万台程度が、完全自動運転機能付きの自家用車になると予想できる。

## 米国における普及シナリオ

　次に同様のシナリオを米国において考えてみよう。まず自動運転を前提としない場合、新型モビリティーサービス普及の可能性としては、大きく分けて以下の三つが考えられる。
(1) 過密大都市部を中心としたカーシェアリングの普及
(2) 過密大都市部、大陸系大都市部、大陸系地方都市部を中心としたライドシェアリングの普及
(3) 地方中核都市におけるマルチモーダル型交通システムの導入に伴うBRTなどの車両系幹線交通の整備

　(1)の過密大都市部でのカーシェアリングの普及は、日本と同じ現象であるが、実際には対象となる（人口規模100万人以上かつ人口

密度5000人/km²以上の）過密大都市部の人口は、全人口の6％程度に過ぎず、日本（15.8％）の半分以下の比率であるのに加え、そのうち約7割強がカーシェアリングに移行しづらい通勤目的での使用が多いため、カーシェアリング移行可能なユーザー層は限定的である。また、米国の場合、日本に比して、シェアリングサービスに対する受容性が世代によって異なり、利用者は主に若年層に限定されると考えられる。

（2）のライドシェアリングについては、一定（10万人）以上の人口集積がある都市部において空港から街へ移動するときなどにこれまで利用してきたタクシー・レンタカー等の交通手段から、ライドシェアリングへの移行が進むと想定される。ただしあくまで自家用車ではなく、既存の公共交通手段からの移行が中心であり、自家用車の需要への影響はほとんど想定されない。

（3）の地方中核都市における変化は、第9章で紹介したような連邦政府（運輸省）主導での「Smart City Challenge」で提唱されているようなマルチモーダル型交通システムの導入がドライバーとなる。ただし、対象となるのは25都市程度であり、全体に占めるインパクトは限定的である。

以上の三つのシナリオによる自動車需要への影響を試算してみる（図14-3）。最も影響が大きいのは、（1）の都市部のカーシェアリングサービスへの移行による影響であるが、年間9万台弱にとどまる。（3）のマルチモーダル型交通システムへの移行のインパクトを含めても、年間13万台弱の販売減少にとどまり、総需要（約1700万台）の1％程度に限定される。

次に、完全自動運転車の利用を前提とした場合、どのような新たなモビリティーサービスが普及するかについて考える。米国においては以下の2種類の自動運転車両利用のモビリティーサービスが中心にな

図14-3 モビリティーサービス普及による自動車需要へのインパクト
（米国：自動運転車導入前）

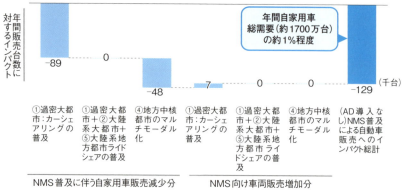

出典：ADL分析

るだろう。

(4) 過疎地以外の全地域におけるライドシェアリングの無人化（PtoPシェアリング化）

(5) 地方中核都市型や大陸型地方都市型における（マルチモーダルシステムの中での）ラストワンマイル輸送の無人化

(4)についてはライドシェアリングサービスが無人化することによって、そのサービス提供地域が拡大された形で普及する可能性が高い。この場合でも、主な用途は通勤以外でユーザー層は若年層が中心となる。また、Uberなど現行のライドシェアリングサービス事業者は、車両を自社で保有しないで、運転者とユーザーのマッチング機能だけを提供する形態が一般的であるため、自動運転車となった場合にも、自動運転車を保有するオーナーとユーザーをマッチングさせるPtoP型のサービスが主流となる可能性が高い。

六つ目のマルチモーダルシステムの中でのラストワンマイル輸送の無人化についても、ユーザーから見た利用体験としては五つ目とほぼ同様であるが、運営形態としてはより公共性の強いものとなる。また

## 図14-4 モビリティーサービス普及による自動車需要へのインパクト（米国：自動運転車導入後）

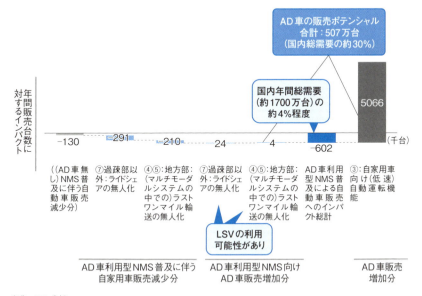

出典：ADL分析

　無人化により運営コストが下げられることで、より人口密度の低い大陸系都市部への導入も進むと考えられる。

　米国における自動運転車を利用したモビリティーサービスによる自動車需要への影響としては、無人ライドシェアリングサービスの普及により約30万台、マルチモーダルシステムにおけるラストワンマイルの無人化により約20万台の自家用車需要の減少につながる可能性があり、これは米国における総需要の4％程度に相当する（**図14-4**）。

　このように米国においては、自動運転技術の活用までを視野に入れたとしても、モビリティーサービスの普及による自家用車需要へのインパクトは限定的なものにとどまることが予想される。一方で、自家用車への自動運転機能搭載がどの程度進むであろうか。

米国においては、今後も自家用車がメインの交通システムであることが不変であるとすると、特に全体の3/4程度を占める通勤用途を中心に自動運転化のニーズは高いと考えられる。一方、第8章で述べたように米国の場合、自動運転のような新しい技術に対する受容性の差が世代間で大きい。実際に完全自動運転に対する世代間の受容性を見ると、45才以下の約4割が完全自動運転を受容するのに対して、45～60才では25％、60才以上では15％程度しか受容しないと回答している。これら世代間の受容性の差異を考慮に入れ、自動運転車についても若年層からの普及が進むことを想定すると、年間総需要の約3割程度の500万台強が自動運転機能付きの自家用車となる可能性がある。

## 欧州における普及シナリオ

　欧州ではどのようなシナリオになるだろうか。日本・米国と同様にまずは自動運転を前提としない場合の新型モビリティーサービス普及の可能性としては、以下の三つが考えられる。
(1) 過密大都市におけるEVカーシェアリングの普及
(2) 地方中核都市における乗り入れ規制に伴うLRT/BRTベースのマルチモーダル間連携
(3) 週末主体利用用途における相乗り型ライドシェア普及
　（1）の過密大都市におけるカーシェアリングの普及は、日本・米国とも共通の動きであるが、欧州において特徴的なのは、カーシェアリングの車両がEVとなる可能性が高いことである。実際にパリやロンドンなどでは、EVへの補助金を考慮するとカーシェアリングの運営コストが通常のエンジン車を利用した場合よりも安くなるケースが出てきている。さらに、今後の都市部へのエンジン車の乗入規制強化やそ

の先の販売禁止措置まで見据えると、少なくとも大都市の都心部におけるカーシェアリングにはEVが適用される流れは加速するだろう。

　(2) の地方中核都市における動きも、ストラスブールにおいて導入され一定の成果を上げている都心部への車両の乗入規制がきっかけとなる可能性が高い。ストラスブールの場合には、都心部への自家用車の乗入規制をすると同時にLRTを導入することで公共交通を中心とした交通システムに移行を果たした。また、欧州では既にLRTなどが導入されている都市も多数存在するため、日米のようなライドシェアによる公共交通の補完よりも、鉄道やバスも含めた既存の複数種類の公共交通システムをシームレスに連携させるマルチモーダル型の交通システムの整備が今後も進む可能性が高い。

　(3) の可能性としては、「BlaBlaCar」に代表されるような相乗り型のライドシェアリングサービスがバカンスや帰省などの中長距離移動時の公共交通システムの補完として普及するシナリオが考えられる。ただし、これら相乗り型ライドシェアリングサービスの利用には、PtoP型のライドシェアリングサービスに対する受容性が担保されることが必要であり、この受容性は各国とも最大2～3割（ドイツは特に低く16％）にとどまる。

　以上の三つのシナリオによる自動車需要への影響を試算してみる（**図14-5**）。最も影響が大きいのは、(2) の地方中核都市におけるマルチモーダル型交通システム整備による影響で、このような乗入規制導入の動きが本格的に広まると、英国を例にすると約15万台程度の自家用車の販売減少につながる可能性がある。次に、(3) の相乗り型のカーシェアリングで同じく英国で最大10万台程度、(1) の大都市部におけるEVカーシェアリングにより最大5.5万台程度のインパクトとなり、総需要（英国で約250万台）の約10％程度の販売減少リスクが存在する。

図14-5　モビリティーサービス普及による自動車需要へのインパクト
　　　　（欧州：英国、自動運転車導入前）

出典：ADL分析

　次に、完全自動運転車の利用を前提とした場合、欧州においてモビリティーサービスにどのような変化が起こるかを想定してみる。主に、(2)のマルチモーダル型交通システムの中での変化が大きい。具体的には、マルチモーダルシステムの中で基幹輸送を担うLRT/BRTが無人運転化するパターンであり、もう一つはラストワンマイル部分に無人運転車両が導入されるパターンである。

　マルチモーダル型の交通システムの整備が進んでいる欧州では、無人運転車両が導入されるにしても、その全体システムの中で組み込まれた形で限定された区域内を走る形態となる可能性が高い。一方、タクシーなどの既存の公共交通の無人化や無人のライドシェアサービスは、移民を含めた雇用問題との調整がつきにくく、自由に進むとは考えにくい。

　これらの背景を踏まえた欧州における自動運転車を利用したモビリ

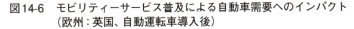

## 図14-6 モビリティーサービス普及による自動車需要へのインパクト
（欧州：英国、自動運転車導入後）

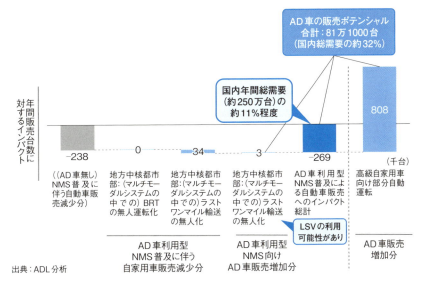

出典：ADL分析

ティーサービスによる自動車需要への影響としては、全体の需要の1％程度にとどまり、自動運転を前提としないモビリティーサービスの導入の影響の方がむしろ大きい（**図14-6**）。

　また、自家用車への自動運転機能の搭載については、欧州の場合、特に完全自動運転に関する受容性が日本などアジア諸国よりも低く、当面は部分自動運転が主流となる可能性が高い。その場合にも、居住地域や世代による差があるものの受容性は3割前後であり、最大総需要の3割程度（英国の場合は約80万台）が自動運転機能搭載となるものと想定される。

第15章

# 自動車市場への影響とプレーヤーに求められる行動

最終章では、日本・米国・欧州における考察を踏まえて、グローバルで見た場合のモビリティーサービスと自動運転の自動車市場への影響を総括する。その上で、今後のモビリティーサービス変革に備えるために、各プレーヤーに求められる行動を考察してみる。

## 影響の大きさは日本、欧州、米国の順

　まず、前章で考察した日本・米国・欧州における影響の違いを整理してみる（**図15-1**）。その前提として2030年頃の時点では、中国を含めた新興市場において自動運転技術を活用したモビリティーサービスは技術的な難易度に加えて、運転者の雇用を奪うことに対する社会的受容性が満たされないため、普及は難しいと考えられる。

　3地域のうち最も影響が大きいのは日本である。自動運転技術の利用を前提としない段階のモビリティーサービスの普及により、2030年頃までに自動車需要が最大で6％程度減少する可能性がある。さらに、自動運転技術を活用した次世代モビリティーサービスの普及により、最大で20％弱まで減少幅が拡大する可能性がある。

　これは、第1章で考察したように日本においては、新たなモビリティーサービスや自動運転技術の導入の背景に、「高齢化」に伴う交通弱者の増加や「過疎化」に伴う地方部での公共交通機関の衰退などの切実な社会課題が存在しており、結果としてこれらの社会的課題の解決手段として、モビリティーサービスや自動運転技術が貢献し得る余地が大きいからである。

　一方、米国におけるモビリティーサービスによる自動車市場減少の影響は、自動運転技術を活用するかどうかに関わらず日本に比べて小さい。自動運転技術の活用を前提にしない場合で約1％、自動運転技術を活用する場合でも3％程度の減少にとどまると予測する。その最

第15章 自動車市場への影響とプレーヤーに求められる行動

## 図15-1 各国ごとの自動運転とモビリティーサービスによる自動車需要への影響

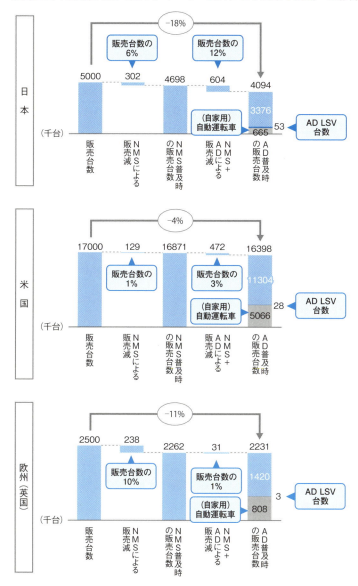

出典：ADL
各国の車両販売台数は現在から変化しないと仮定した上で、2030年時点でのNMS/AD販売台数を試算。

大の要因は、米国では一部の大都市を除いて大半の自動車ユーザーが人口密度の低い地域に居住しているため、カーシェアリングの普及可能なエリアが限定されることである。普及しているライドシェアリングサービスについても、主にタクシーやレンタカーなどの既存モビリティーサービスを補完するものが中心で、自家用車の大半が主にユーザーの利用時間帯が重なる通勤で利用されている。そのため、自家用車を代替する可能性は低い。

また自動運転技術の導入によって、無人のライドシェアリング（あるいはカーシェアリング）サービスの適用エリアの拡大は見込めるが、自動車市場全体から見るとわずかにとどまる。その他のモビリティーサービス適用の可能性としては第9章で紹介したように、北米の「Smart City Challenge」に見られるような、中規模都市でのマルチモーダル型の次世代交通インフラ整備による自家用車の代替や、ラストワンマイルへの自動運転型モビリティーサービス導入などが考えられる。しかし、いずれもその影響は軽微である。

欧州における影響は、日本と米国の中間になる。自動車市場への影響は自動運転技術の活用を前提にしない場合は最大で約10%の減少、同技術を前提にする場合は最大で1%程度の減少が見込まれる。欧州は人口密度が日本と米国の中間程度であり、以下の二つの理由で、自家用車の代替が進む可能性がある。

- パリやロンドンなどの大都市におけるカーシェアリングの普及
- ストラスブールのような地方都市を中心にしたマルチモーダル型交通システムの普及。この場合は、都心部への乗り入れ規制を伴うLRT/BRTなどの既存公共交通システムがベースになる

一方で、自動運転技術の導入に伴う次世代モビリティーサービスの導入・自家用車代替の影響は限定的と考える。

## 自動運転車の市場拡大ポテンシャル

　次に、自動運転車の市場規模がどのようになるかについて考える。自動運転車としてはこれまで見てきたように、(1) モビリティーサービスの中で用いられる完全自動運転車（BtoB型）、(2) 現状の先進運転支援システム（ADAS）ベースで進化する自動運転機能付きの自家用車（BtoC型）は、ビジネスモデル・技術の両面で異なる発展経路をたどる可能性が大きい。そのため、個別にその可能性を見極める必要がある。

　(1) のBtoB型は、前章で述べた各国におけるモビリティーサービス普及のシナリオをベースに算出すると、グローバル（日米欧）全体で年間約10万台程度の市場規模になると想定される。モビリティーサービス事業者の事業採算性の観点からは、事業コストの過半を占める運転者の人件費削減が実現すれば、車両価格を高く設定できる可能性はある。

　しかし、車両としての市場規模で見ると、極めて限定的な規模である。この領域単独で従来型の車両販売だけで開発費を回収し収益を上げることは、第11章で考察した自動運転向けソフトウエアの開発工数（コスト）を考えても現実的ではないだろう。

　したがってこの領域に関しては、ユーザーであるモビリティーサービス事業者を含む各ステークホルダーの連携を前提としたビジネスモデルによる事業性を検討することが不可避となる。米Google社をはじめとする多くのIT系プレーヤーが自動運転の開発でこの領域に照準を当てているのも、ビジネス構造上の自由度が高いためであろう。

　一方、(2) のBtoC型については、ADAS機能の高度化の延長として自動運転がどこまで進むかという観点で見る必要がある。そこで、

ADASの代表的な機能であるACC（先行車追従）機能と、レベル3以上の自動運転機能の搭載率が各国でどの程度になるかを予測した（**図15-2**）。

自家用車を対象にした自動運転機能では、レベル4相当の完全自動運転モードでの走行が可能な車両が2020年代前半から登場する。しかし実態として完全自動運転モードで走行可能な道路は当初、高速道路などの歩道と車道が分離した自動車専用道路に限定される。その後、一般道でも幹線道路から徐々に、V2Iや高精度地図などのインフラの整備やソフトウエアの完成度の向上が進む中で、完全自動運転モードで走れる比率（時間）が増えていく可能性が大きい。

実際には目的地を入力すると、目的地まで完全自動運転モードでの

**図15-2　各国ごとの（自家用）自動運転車の普及率**

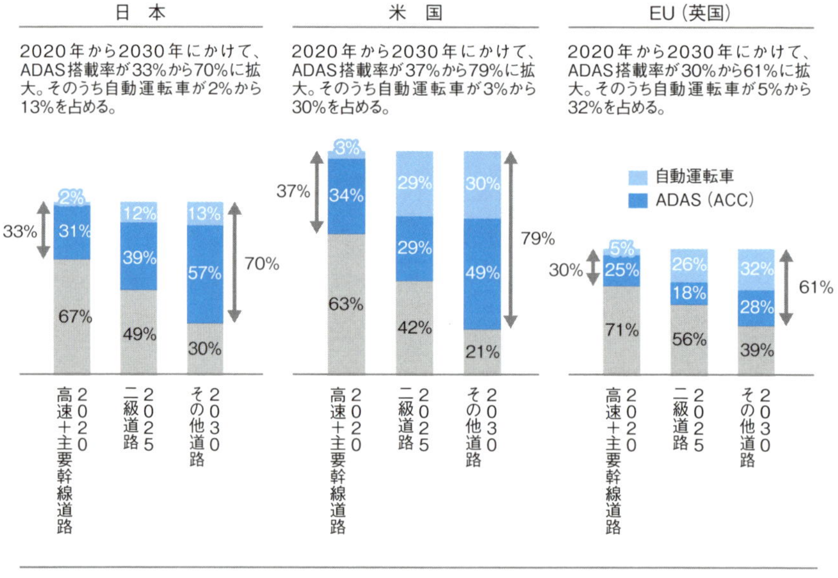
日　本
2020年から2030年にかけて、ADAS搭載率が33%から70%に拡大。そのうち自動運転車が2%から13%を占める。
米　国
2020年から2030年にかけて、ADAS搭載率が37%から79%に拡大。そのうち自動運転車が3%から30%を占める。
EU（英国）
2020年から2030年にかけて、ADAS搭載率が30%から61%に拡大。そのうち自動運転車が5%から32%を占める。
自動運転車
ADAS（ACC）
2%
31%
67%
33%
12%
39%
49%
13%
57%
30%
70%
3%
34%
63%
37%
29%
29%
42%
30%
49%
21%
79%
5%
25%
71%
30%
26%
18%
56%
32%
28%
39%
61%
2020 高速＋主要幹線道路
2025 二級道路
2030 その他道路
走行可能道路

出典：SBD、ADL

走行が可能なルートがあるかをシステムが判断し、完全自動運転が可能かどうかを運転者に知らせるといった形になる。完全自動運転モード付の車両が登場した当初は完全自動運転モードが使えないケースが多いが、インフラ整備が進むにつれて使えるケースが増えていくことになるだろう。

走行可能な道路環境としては、2020年時点では高速道路だけだが、2025年時点では「主要幹線（一級国道など）と二級道路」、2030年時点でその他の道路を含めて可能になるとした。また各国におけるユーザーの受容性が異なるため、これらも考慮した。その結果、自動運転機能の搭載率は2030年時点で日本では13％、米国では30％、EUでは30％程度になると予測できる。

## 完成車メーカーに必要な行動

最後に、モビリティーシステムの変革に向けて、「自動車産業に関わる各プレーヤーがどのような行動をとるべきか」という点を整理する。まず、アーサー・ディ・リトル・ジャパンが考える次世代自動車の産業構造を示す（図15-3）。

技術的には自動運転と電動化を中心とした環境対応車が大きな変曲点となり、個別のハードウエアやソフトウエアとしても新たなコンポーネントが必要になる。また、それらを統合したソリューション（モジュールシステム）を提供する機会が増える。

さらにその上位概念として、交通システム自体の運営や各種交通サービスをつないでユーザーインターフェースを提供する機能なども、今後の自動車関連企業にとって新たな事業機会・脅威となり得る。このような中で、各プレーヤーは何をどのように変えていく必要があるだろうか。

図15-3 次世代自動車の産業構造

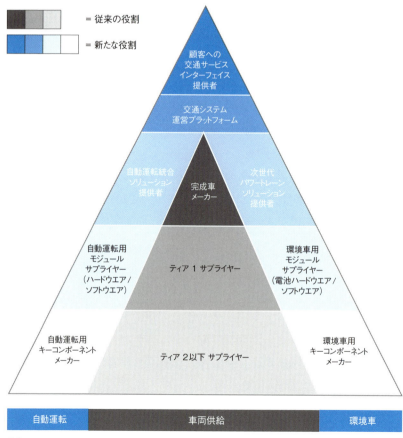

出典：ADL

　完成車メーカーでは、完成車市場におけるプレミアムセグメントと（自動運転化を見据えたモビリティーサービス用の車両を含めた）低価格車の二極化が進む。現在のボリュームゾーンであるミドルセグメントは縮小し、商品ラインナップにメリハリをつけることがポイントになる。

　その上で、地域ごとに異なるエコシステムの上で運営される多様な

モビリティーサービス市場の動向を注視しながら、顧客接点を持つ各種パートナーとの関係構築とモビリティーサービス提供に向けた協業関係をどのように構築してマネージするかが重要になる。その実現手段としての自動運転に関しても、どのようなエコシステムを構築しながら開発を進めていくかがカギになる。

## サプライヤーに飛躍のチャンス

　一方、電装系サプライヤーにとっては、自動運転関連技術に関する新たなエコシステムが勃興する中で、大きな売上・収益向上の可能性がある。その中では標準化が進むコア領域以外にも、その発展過程において様々なニッチ市場が存在する。ただし、ニッチ市場を捉える場合でも、エコシステム全体の構造とその進化の方向性を統合的に理解した上で自社の事業ポジションを決める必要がある。結果として、柔軟性の高い開発プラットフォームをベースに、拡大する商品ポートフォリオをマネージメントする必要がある。

　そのためには、日系サプライヤーの強みであるアジャイルな商品開発体制と、納期対応力をさらに磨かなければならない。従来のような人海戦術に頼ったものではなく、開発環境のさらなるデジタル化などその開発プロセスやビジネス上の実現手段の段階から、変革を伴ったものにする必要がある。そのためには、現在の完成車メーカーとの関係だけでなく、複線的なパートナー戦略の構築と自社に不足する技術を獲得する手段の担保が欠かせない。

　以上のように、いずれのプレーヤーにとっても、これまでにないレベルでの自己変革が求められるのは間違いない。しかし、不連続な変化が一瞬にして起こるのではない。これまで築き上げてきた顧客との信頼関係をベースに、いま起こりつつある変化をチャンスと捉えて、

積極的に組織としての自己変革を継続的に進めた企業が勝者となり得る。今後の10〜15年の大変化を一つでも多くの日本企業がチャンスとして生かし、グローバル企業として活躍し続けることを願って本章の結びとしたい。

# おわりに

本書で見てきたように、自動運転や次世代モビリティーサービスの普及がもたらす業界構造変化に対応するためには、各社がそのビジネスモデル転換も見据えた企業変革を推進していく必要がある。このような企業変革を進めていくためには以下の六つの要素が必要となる。

まずは、「ビジネスモデル変革のための統体的な戦略」の策定が必

図1 次世代モビリティービジネスに向けた企業変革のための要件

| 次世代モビリティービジネスに向けた企業変革の要件 | | |
|---|---|---|
| | 1. ビジネスモデル変革に向けた統合戦略 | ビジネスモデル変革のための統体的な具体的戦略を有しているか？その戦略にはすべての機能部門が包含されており、将来的なビジネスおよび組織体制のイメージが明確に定義されているか？ |
| | 2. 次世代商品ポートフォリオ | 将来のビジネスモデル実現に向けたモビリティー商品ポートフォリオが定義されているか？この商品ポートフォリオは、技術・顧客・規制・業界構造の進化やデジタル技術による不連続な変化を考察したシナリオに基づいて構築されているか？ |
| | 3. 獲得すべき将来技術とそのアプローチ | モビリティー業界の中で自社が目指す将来のポジションや役割を実現するために必要となる関連技術が明確になっているか？現状の立ち位置とのギャップと新たな技術能力を獲得するためのアプローチが特定され、具体的アクションに落とし込まれているか？ |
| | 4. イノベーション推進の組織能力 | トップマネジメント傘下の求心力のある形でビジネスモデルの革新が推進されているか？社内シンクタンクやベンチャー機能などにより不連続な変化への備えを持ちビジネスモデル革新プロセスに統合されているか？オープンイノベーションやデザイン思考がビジネスモデル革新の共通言語となっているか？ |
| | 5. 変革に向けた機能組織別計画・予算 | ビジネスモデル変革の全体戦略と整合がとれた形で機能別戦略が立案されているか？変革に向けたロードマップと機能別の目標が整合的であり、中期的な機能別予算の中でビジネスモデル変革に向けた必要な費用が確保されているか？ |
| | 6. 組織変革に向けたロードマップ | 全社としての変革ロードマップが策定され、定期的に更新されているか？新たな組織能力獲得に向けた知的資産やリソースのパートナーマネジメント体制が準備・運営され、変革推進におけるリスクマネジメント体制が確立されているか？ |

出典：ADL

要となる。また、この将来のビジネスモデル実現に向けた「次世代モビリティー商品ポートフォリオ」が定義されていることも必要である。その上で、モビリティー業界の中で自社が目指す将来のポジションや役割を実現するために必要となる「獲得すべき将来関連技術とその獲得アプローチ」を明確にすることが必要である。

　これら一連の変革の青写真を実行に移していくためには、トップマネジメント傘下の求心力のある形で「ビジネスモデルの革新が推進可能な組織体制」の整備を進める必要がある。また、機能軸の視点で「ビジネスモデル変革の全体戦略と整合がとれた形の機能別戦略」を立案していくことも重要である。そして、これらの要素を包含した形で「全社としての組織変革ロードマップ」が策定され、定期的に更新していくことが肝要である。

　では、実際にはこれら要件はどの程度充足されているのか。弊社が実施したグローバルスタディーの調査結果から見ると、最初の五つの要件、即ち変革に向けた戦略策定と推進組織体制の構築については、課題はあるものの一定程度の整備が進んでいる。一方で、最後の組織変革に向けた統合的なロードマップの構築までは至っていないケースが大半である。

　ボトムアップな組織力を強みとする日本企業では、トップダウン的な変革アプローチは必ずしも適さない面はある。一方、本書で取り上げたような不連続な変化に対応していくためには、変革に向けた一定程度の大方針の設定は必要になる。そのためには、社内外の様々なステークホルダーの腹落ちを得るために、十分なファクトベースでの議論が必要となろう。本書の内容が、このような変革に向けて真摯な取り組みを続ける企業における羅針盤となれば望外の喜びである。

　本書は、アーサー・ディ・リトルの自動車・製造業プラクティス、

図2　各社の対応状況

出典：ADL

およびトラベル＆トランスポーテーションプラクティスの国内外のメンバーの知見を集め、まとめ上げたものである。忙しい日々のクライアントワークの合間で本書の制作に協力してくれた関係メンバーには、心から感謝を申し上げたい。

　最後になったが、本書の企画の段階から多大な協力・助言をいただいた日経BP社の林達彦氏、小川計介氏、高田隆氏、植村朋子氏に深く感謝し、結びとしたい。

# 著者紹介

## 鈴木裕人（アーサー・ディ・リトル・ジャパン パートナー）

アーサー・ディ・リトル・ジャパンにおける自動車・製造業プラクティスのリーダーとして、自動車、産業機械、エレクトロニクス、化学などの製造業企業における事業戦略／技術戦略の策定支援、経営・業務改革の支援を担当。近年は、自動車業界にとどまらず、モビリティー領域に関する事業構想支援、アライアンス支援、技術変化に備えたトランスフォーメーションなどを多く手がける。

## 立川浩幹（元アーサー・ディ・リトル・ジャパン コンサルタント）

アーサー・ディ・リトル・ジャパンでは自動車、機械・FA、エレクトロニクスなどの製造業企業における事業戦略／技術戦略の策定支援、経営・業務改革の支援およびオペレーション戦略策定および実行支援、知的財産マネジメントなどを担当。特に自動車・モビリティー産業を中心に電動化・自動化・サービス化などの変曲点を踏まえ、企業・組織変革を多面的に支援してきた。

## アーサー・ディ・リトル・ジャパン

アーサー・ディ・リトル（ADL）は1886年、マサチューセッツ工科大学のアーサー・D・リトル博士により、世界初の経営コンサルティングファームとして設立された。アーサー・ディ・リトル・ジャパン（ADLジャパン）は、その日本法人として1978年の設立以来、四半世紀一貫して"企業における経営と技術のありかた"を考え続けてきた。

経済が右肩上がりの計画性を失い、他にならう経営判断がもはや安全策ですらない今、市場はあらためて各企業に"自社ならではの経営のありかた"を問うているように思える。自社"らしさ"に基づく全体の変革を見据えた視点と、戦略・プロセス・組織風土、あるいは事業・技術・知財をまたぐ本質的革新の追求。

ADLは"イノベーションの実現"を軸に蓄積した知見を基に、高度化・複雑化が進む経営課題に正面から対峙していく。

# モビリティー進化論
## 自動運転と交通サービス、変えるのは誰か

| | |
|---|---|
| 2018年1月17日 | 第1版第1刷発行 |
| 2019年6月25日 | 第2刷発行 |

著　者　アーサー・ディ・リトル・ジャパン
発行者　望月 洋介
発　行　日経BP
発　売　日経BPマーケティング
　　　　〒105-8308　東京都港区虎ノ門4-3-12
装　丁　松川 直也（日経BPコンサルティング）
制　作　株式会社大應
印刷・製本　図書印刷株式会社
カバー画像　Shutterstock

Ⓒ Arthur D. Little Japan, Inc. 2018
Printed in Japan
ISBN　978-4-8222-5828-3

本書の無断複写・複製（コピー等）は著作権法上の例外を除き、禁じられています。購入者以外の第三者による電子データ化および電子書籍化は、私的使用を含め一切認められていません。
本書籍に関するお問い合わせ、ご連絡は下記にて承ります。
http://nkbp.jp/booksQA